江苏省邮电规划设计院有限责任公司专家团队 精品力作

现代通信局房工艺及立体化设计

SUPPORTING PROGRAM AND
THREE-DIMENSIONAL SCHEME OF MODERN COMMUNICATION STATION

■ 邵 宏 何云龙 于艳丽 成 松 夏鹏锐 周荣中 等 编著

人民邮电出版社

北 京

图书在版编目（CIP）数据

现代通信局房工艺及立体化设计 / 邵宏等编著. --
北京 : 人民邮电出版社, 2015.5
ISBN 978-7-115-38119-4

Ⅰ. ①现… Ⅱ. ①邵… Ⅲ. ①邮电通信建筑—建筑设
计 Ⅳ. ①TU248.7

中国版本图书馆CIP数据核字(2014)第302142号

内 容 提 要

　　本书首先提出通信局房工艺设计的总体要求及各专业要求，并阐述通信局房的规划要点，然后从平面规
划、立面规划和区域沟通 3 个方面阐述了对于局房空间规划的思路。对于工艺阶段需要考虑的电源系统、防
雷系统、空调系统和消防系统，其配置原则也在本书中分章节进行了阐述。对于国内日益关注的绿色机房，
在工艺要求方面也提出了自己的思路，最后提出了新颖的通信局房规划的立体化方案。

　　本书可作为通信运营商及各企事业单位的相关人员在进行新建、改建和扩建通信局房项目的可行性研究
报告、初步设计及施工图设计等各阶段的工艺设计时的参考用书。

◆ 编　著　邵　宏　何云龙　于艳丽　成　松　夏鹏锐
　　　　　　周荣中　等
　　责任编辑　杨　凌
　　责任印制　彭志环
◆ 人民邮电出版社出版发行　　北京市丰台区成寿寺路 11 号
　　邮编　100164　电子邮件　315@ptpress.com.cn
　　网址　http://www.ptpress.com.cn
　　北京隆昌伟业印刷有限公司印刷
◆ 开本：787×1092　1/16
　　印张：11.75　　　　　　2015 年 5 月第 1 版
　　字数：279 千字　　　　 2015 年 5 月北京第 1 次印刷

定价：45.00 元
读者服务热线：(010)81055488　印装质量热线：(010)81055316
反盗版热线：(010)81055315

序

通信局房安装着通信系统中最核心的交换、数据、传输等通信设备，通常具有枢纽或汇集功能特征。通信局房不仅是承载电信运营商主要业务的基础设施，而且在通信行业外的许多企事业单位的运营管理中也扮演着非常重要的角色。

通信设备对其安装环境有着特殊的需要，尽管应用场合不同，通信局房的工艺要求有着很多共同点，对其进行及时的总结对于通信局房的建设有着非常重要的意义。

另外，"立体化设计方案"作为本书另一个阐述的重点，可以突破现有二维工艺设计的局限性，因其直观、精细化等特点，将成为未来通信局房工艺设计新的趋势。

本书首先提出通信局房工艺设计的总体要求及各专业要求，并阐述通信局房的规划要点，然后从平面规划、立面规划和区域沟通3个方面阐述了局房空间规划的思路。对于工艺阶段需要考虑的电源系统、防雷接地系统、空调系统和消防系统，其配置原则也在本书中分章节进行了阐述。对于国内日益关注的"绿色机房"，在工艺要求方面也提出了自己的思路，最后提出了新颖的通信局房规划的立体化设计方案。

本书适用于通信运营商及各企事业单位新建、改建和扩建通信局房项目的可行性研究报告、初步设计及施工图设计等各阶段的工艺设计，希望本书中提出的相关原则及思路可以作为广大读者有用的参考。

前　　言

　　本书是由多个具备多年工程实践及设计经验的专业人员，在总结现代通信局房工艺设计的理论与实践的基础上，在参考了部分建设单位及施工单位大量意见和建议的基础上编写而成的。

　　本书是对现代通信局房工艺的一次经验总结。希望通过本书简洁且全面的阐述，能够给参与通信局房新建、改造及扩容工程的设计人员、项目管理人员及项目决策者提供有益的参考。本书实用性强，涉及通信局房的土建要求、空间规划、相关配套系统的选择及配套设备和材料选型等多个方面的内容，可作为通信局房建设管理人员、设计人员的参考资料。

　　本书由邵宏策划和主编，负责相关章节编写的有何云龙、于艳丽、成松、夏鹏锐、周荣中、高黎明、朱祥乐、盛利等，何云龙负责全书的结构、内容掌控和整理工作。

　　在本书的编写期间，得到了卢智军、朱关峰、斯利、吴彬、谢泽东等同志的支持和帮助，在此谨向他们表示衷心的感谢。

　　本书主要参考了 YD/T 5003《电信专用房屋工程设计规范》和 GB 50174《电子信息系统机房设计规范》。由于通信局房涉及的规范较多且多数在文中有具体指明相关参考规范，因此其他参考规范就不在这里一一列举。

　　由于作者水平有限，编写时间仓促，书中难免有错漏之处，希望读者不吝批评指正。相关意见与建议可发至 heyunlong@jsptpd.com 邮箱，以便于再版时修正与补充。

编者

2015 年 2 月于南京

目　　录

第 1 章
概　述

本书所提及的"通信局房"属于通信机房中的一类，包括：交换、传输、数据等通信设备的专用机房或综合机房，以及主要的配套辅助用房。为与移动通信基站、固定通信网中的远端模块、用户接入设备等用户终端设备机房区分开来，因此特命名为"通信局房"。

通信局房工艺设计又称通信工艺条件设计，即在保证通信局房内设备能够安全、可靠地不间断运行的前提下，通过技术先进、安全可靠、经济合理、可持续发展的新建或改建措施，使通信局房的建筑及结构、空间规划、设备布置、线缆走线、配套及辅助设备的配置等达到最优化等要求而提出的规划及设计。通信局房工艺设计包含机房工艺要求，机房空间规划，电源、空调、消防及监控等配套系统建设方案等方面的内容。

通信局房工艺设计是通信局房的可行性研究报告阶段、初步设计阶段及施工图设计阶段都必须考虑的重要内容。它是一个综合性的整体项目，涉及多个通信设备专业，以及建筑、结构、装修、电源、暖通、消防、监控等多个相关专业。因此通信局房建设的各阶段、各相关专业的沟通及协调是保证局房工艺设计质量的重要因素。

由于现代通信局房具有高可用性、高稳定性、高安全性、高通用性、高经济性以及节能环保等特点，相应地，现代通信局房的工艺设计也应具备这些特点。

1.1　通信局房工艺设计的重要性

虽然工艺设计不包括通信设备及相关配套设备的具体配置及安装，但它却是这些设备能够安装并稳定运行的重要前提保证。通过通信局房的工艺设计，可以为通信局房建筑设计提供通信专业及相关配套专业的工艺要求，是通信局房建筑设计的重要依据，是通信设备安全、可靠运行的重要保证，可以有效降低建设投资成本及运营维护成本，便于维护管理，便于机房使用和后期的改造及扩容。

通信局房工艺设计的重要性体现在以下 4 个方面。

（1）通信局房工艺设计是自建通信局房建筑设计的重要依据

由于通信局房工艺要求的特殊性，因此自建的通信局房建筑在层高、楼面荷载、机房空间布局、机房环境条件等方面均不同于一般建筑。通信局房建筑在设计的同时应进行通信工艺设计，并依据通信工艺设计的要求进行建筑设计。有些通信局房在设计阶段未进行通信工艺设计，在通信设备安装阶段往往出现各式各样的问题。小的问题可以通过改造完成，但会影响通信设备安装工程工期，而大的问题则可能导致无法进行通信设备的安装。有些问题，比如通信及电力电缆管井及楼板洞的设置是否合理，在通信局房启用前期不会暴露出来，但是常常会在机房使用的中后期暴露出来，并对通信设备的安装造成很大的麻烦。由于通常很难找到可用的改造空间，而且大量已经处于运行状态的通信设备不能停止运行，进行建筑改造的难度会相当大或者甚至根本无法实施。

（2）通信局房工艺设计是自购局房和租用局房能否起用的重要依据

对于租用或外购的局房，由于自身往往并未考虑通信设备的需求，因此尤其需要注意在前期进行通信工艺设计，并根据通信工艺设计判断能否满足，或者通过改造是否可以满足安装通信设备的要求，并依据通信工艺设计的要求进行相应的改造。

（3）通信局房工艺设计可以提高建设投资效益

通过通信工艺设计可以合理地控制建筑的层高，使建筑造价更合理；合理的机房规划布局可以提高通信局房的利用率，减少机房面积及机房建设投资的浪费；可以节省大量的通信和电源缆线；便于合理配置初期投入的电源及空调系统，便于机房通信设备的后期改造、更新及扩容，满足通信系统的远期发展。

（4）通信局房工艺设计可以降低运行维护成本

通过通信工艺设计可以提高通信局房空调及电源系统的运行效率，降低设备运行的耗电量；可以避免或减少机房的后期改造工作；可以有效减少运行维护人员的工作量，这些都可以有效降低运行维护成本。

1.2　通信局房工艺的范畴

通信局房按照建设方式，通常分为自建局房、自购局房、租用局房。其中自建局房占大多数，且相对后两者通常重要性较高且面积较大。此外，为了达到节约资源及建设成本的目的，通信运营商还建设有"合建局房"，但对于通信局房，这种建设方式非常少。不仅自建局房需要进行工艺设计，自购局房和租用局房也有进行工艺设计的必要。

不同的局房，由于功能不同、安装的设备不同，其工艺要求也不尽相同，因此通信局房在工艺要求方面呈现出多样性。当然，不同类型的通信局房也有很多共通的特点需要在工艺设计阶段加以考虑，如：局房的重要性、局房环境的高可靠性和高安全性；实用性，便于设备的安装、改造、更新及扩容；通常无人或少人值守等等。

通信局房均设置有以下 3 种房屋。

（1）通信设备机房

作为通信局房的核心单元，也通常被称为主机房，是专门为安装通信设备的生产性房屋。根据安装设备类型的不同，不同的通信设备机房通常可分为交换机房、传输机房、数据机房等专用机房。也有多个专业设备同时安装在一个机房内的混合型机房，如交换传输机房。有的通信设备机房内也会放置配套电源设备。

（2）配套机房、为通信生产配套的辅助生产性房屋

如电力机房、电池室、计费机房、监控室、高低压配电室、油机发电机室等。也有不少通信局房不单独设置电力机房，将电源设备与通信设备安装在一个机房内。

（3）辅助用房

包括为通信生产配套的辅助生产性房屋、为支撑通信生产的支撑服务性房屋，如值班室、备品备件室、卫生间等。

通信局房工艺的主要讨论范围包括按照上述分类的通信设备机房及相关配套机房的工艺，但不包括辅助用房。

1.3　通信局房工艺设计的发展

早在 20 世纪 90 年代，通信局房规模较小，内部的通信设备数量也较少，通信局房工艺通常以美观作为重要标准，通常采用下送风和下走线方式，并设置有吊顶。这样的通信局房随着设备的增多以及各系统扩容、设备更新升级，地板下的线缆也不断增多，通常电源线与信号线混走且难以区分。当出现故障时，无法进行及时处理，只能布放临时电缆，这样更增加了线缆的数量并加剧了走线的混乱问题，给安全和运行维护带来了很大的困难。而且大量电缆堆积影响空调送风效果，这样不仅会造成空调效率低下，而且会造成局部区域设备温度较高，影响设备安全运行。于是，有的机房出现了空调温度的设置值很低，但在某几个温度较高的机架旁边还放着电风扇吹风的现象。由于下送风下走线方式的诸多弊病，之后一段时间，通信局房较多采用上送风上走线方式。为了防止火灾在吊顶内蔓延，也取消了吊顶。安全是这个时期通信局房最关心的问题，而美观则已经变为需要"兼顾"的标准了。近几年来，在大型数据中心，节能又成为一个重要的关注点，因此下送风方式又回到了机房。而且随着下送风方式的不断提高，地板下走线方式在实际工程中得到应用。

再如，20 世纪 90 年代，为通信局房供电的电源系统大都采用集中供电方式，而且常常位于与通信局房不同层的楼层内，开关电源系统往往采用较大容量的整流器并配置大容量的蓄电池。另外，即使采用阀控铅酸蓄电池，而不再使用防酸隔爆电池等容易溢出酸雾的电池，电池室也与整流器等电源设备习惯性地分别安装在不同的房间内。集中供电方式具有电源设备集中、便于维护人员维护的优点。但是，随着通信设备的不断增多，集中供电方式的缺点日益突显，例如：这些大容量电源系统常常担负着所有通信设备或多套通信设备的供电任务，一旦发生事故，影响范围很大；供电距离较长，为了保证直流馈电线路压降在设计范围内，不得不耗费大量线缆，而且对线缆电缆井道和桥架造成很大的压力，大量的电缆阻塞电缆井道和桥架，容易造成后期难以布线；早期大容量电源系统负载低，效率低，后期往往由于设计时的容量跟不上通信发展的速度而需要进行改造。近十年来，虽然在美国、澳大利亚等国较多采用的全分散供电方式（在每行通信设备的机架内都装设了小型基础电源系统的供电方式），我国由于国情原因没有大面积推广，但是把整套开关电源系统（包括整流器、蓄电池及配电单元等设备）安装在通信局房内或附近的房间中的半分散式供电方式已经得到了普及和推广，可以避免集中供电方式带来的诸多问题，而且通过设置完善的动力环境监控系统，使电源系统达到了少人或无人值守。

通信设备的发展也影响着通信局房工艺的发展。比如，随着通信设备集成度的不断提高，单位面积通信设备的用电需求不断增加，导致机房内更多的空间用于安装有源的通信设备。这些都导致安装电源设备的面积与安装通信设备的面积之比不断增大。

现代通信局房工艺及立体化设计

如今，随着节能环保意识的不断增强，现代的通信局房工艺的重要标准除了安全以外，还力求使通信局房符合节能环保的要求。在这样的理念下，越来越多的下送风上走线方式出现在众多局房工艺要求中，而且通信局房是否美观的重要性进一步下降。比如，为了配合"下送风上走线"以及设置冷热通道，通信设备开始设置为"面对面、背靠背"的方式。有些机房在采用了封闭热通道的方式后，吊顶又出现在通信局房内。

这样的例子还有很多。可以说，通信局房在工艺要求上的发展和进步从未停止，建设和维护要求的变化、建筑材料的变化、通信设备本身的变化等等无一不对通信局房工艺设计发生影响，使其不断发展、进步。

第2章
工艺设计深度及专业要求

2.1 工艺设计各阶段的深度要求

通信局房的工艺设计涉及通信局房建筑设计的 3 个阶段，即可行性研究报告阶段、初步设计阶段及施工图设计阶段。每个阶段对工艺设计的深度要求是不一样的。

2.1.1 可研阶段的工艺设计

在可行性研究报告阶段，工艺设计首先需要对建设项目的背景及用户需求进行充分调研和分析，然后进行业务需求分析和发展预测，结合专业设备的自身特点及专业技术发展等因素，提出各类专业设备需要的机房面积、机房净高及承重的要求，以及对机房内或各机房之间相对位置、楼层间及楼层内的划分等方面进行预想，作为土建专业设计的参考；提出通信设备、空调设备及其他设备的近远期用电功耗需求预测，并考虑周围的电网能否满足要求。此外，还应考虑机房选址的可行性、传输光缆进线的可行性、高低压配电室及储油罐等配套设施的建设条件等。此阶段的工艺设计需要同可行性研究报告一样具备预见性、公正性、可靠性、科学性。

2.1.2 初设和施工图阶段的工艺设计

在初步设计和施工图设计阶段，工艺设计需要各相关通信专业对通信局房建筑的土建提出具体要求，其中应包括共性要求、各专业及其他工艺要求等内容，具体要求可参考本书相关章节。这两个阶段的工艺设计应在设计说明及图纸中做出具体说明，应可作为相关阶段土建设计的重要依据。

这两个阶段工艺设计的关键内容包括：

① 业务预测、中远期规划、大楼的用电需求等；

② 各机房的用途以及需求的面积和位置、设备平面布局、机房承重要求及相关线缆路由以及立面规划等；

③ 空间区域沟通方案，确定相关建筑孔洞，确定电源、空调及消防等系统的建设方案、大楼地网和机房接地系统等。

其中，电源系统应包括：高低压配电房间及各楼层电力室的位置及面积、高压电力电缆进线路由、低压送配电形式（采用母排还是电缆）以及机房强弱电井道的位置及面积、配电模式（集中供电还是分散供电）、各套电源的配置及供电范围、设备用电力电缆走线路由、发电机房的位置及面积、发电机及储油装置的配置等；空调系统应包括：机房制冷量需求、送风形式、送风压力的要求、室内机和室外机的配置及安装位置、室外机安装形式、空调进排水管路由等。

这两个阶段的工艺设计内容基本相同，只是施工图设计阶段提出的要求更加具体，其中包括根据工艺初步设计修改意见做出的修改，并能够根据工艺设计安排材料、设备订货和非标准设备的制作，作为相关设备和材料的安装依据。

这两个阶段的工艺要求及工艺设计均应符合客观条件，应与建筑设计相关专业进行充分的协调和沟通，尤其是井道、楼板洞、穿墙洞、承重要求等涉及结构或安全方面的要求，一些特殊的要求需要与建设方进行必要的沟通。

2.2　各专业工艺设计要求

2.2.1　共性要求

通信局房的共性要求有很多，大致可分为选址、结构安全等级、建筑构造、机房形状、走道、电梯和楼梯、门窗、机房净高和楼面荷载、孔洞、屋面防火、节能环保 11 个方面，具体要求如下。

1．选址

通信局房的选址应符合《电信专用房屋工程设计规范》及《电子信息系统机房设计规范》的相关规定，具体要求这里不再赘述。通信局房的选址主要应注意保证通信机房处于安全的环境，远离危险场所并避开强振动、噪声及干扰源。应远离洪水危险区域、避开附近机场的飞行航线、与铁路及高速公路保持必要的距离等，对于违反相关规范或安全要求的建筑，应提请建设方进行相应的改造或另外选址。

除了规避安全风险以外，通信局房的选址也应具备充足的电力供应和网络资源、便利的交通运输、良好的配套环境等条件，既应满足近期的需求，也应考虑可预计到的未来的变化。

通信局房的选址要求应在建筑设计立项阶段提出。到了初步设计及施工图设计阶段，则不再涉及选址的相关内容。

2．结构安全等级

通信局房的结构安全应符合《电信专用房屋工程设计规范》，特别重要的及重要的电信专用房屋结构的安全等级为一级，其他电信专用房屋结构的安全等级为二级。主体结构应具有耐久、抗震、防火、防止不均匀沉陷等性能。变形缝和伸缩缝不应穿过通信设备主机房。

3．建筑构造

通信局房的建筑构造应符合《电信专用房屋工程设计规范》，通信局房内各建筑构件的材料选用及构件设计应有足够的牢固性和耐久性，满足保温、隔热、防火、防潮、少产尘的要求。与生产无关的各种垂直和水平方向设置的给、排水管道不得穿越通信局房，并预先考虑排水的措施。穿过围护结构或楼板的电缆孔洞及管井，应采取防火、防水等措施。在设置走线孔洞（管井）时，应考虑将通信电缆与电源电缆分设在不同的走线孔洞（管井）内。

4．机房形状

矩形机房的平面利用率最高，且更便于平面规划、安装设备及设置水平走线桥架。在可能的情况下应避免设置其他形状的机房。如果不得不采用非矩形的机房，可以考虑通过加设隔断的方式设置若干个矩形的机房，当然也可能浪费部分空间，但仍是可取的做法。矩形的通信机房示例如图 2-1 所示。

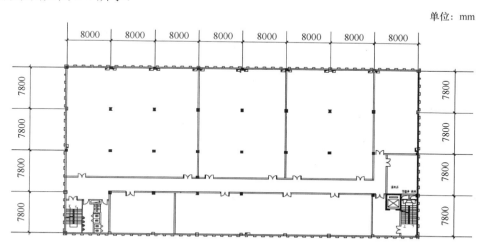

图 2-1　矩形的通信机房示例

应尽量避免圆弧和三角形的机房。图 2-2 就是一个在实际工程中遇到的非矩形的通信机房，这样的机房不仅给设备及走线桥架排的定位及安装带来了很多麻烦，而且机房利用率也较低。

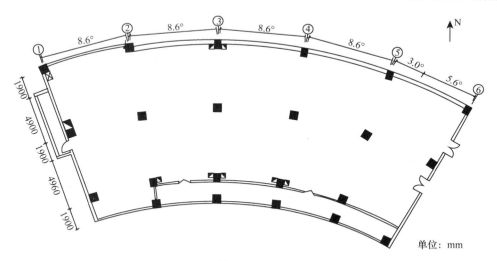

图 2-2　非矩形的通信机房示例

5．走道、电梯和楼梯

对于各机房间之间的走道，单面布房时净宽一般不小于 1.8m，双面布房时净宽一般不小于 2.1m。走道净高一般不低于 2.2m。

通常为高层的通信局房设置运送设备用的货梯，可与消防电梯或客梯兼用。应向建筑专业提供可能的大型设备（如专用空调）的重量和尺寸，以便于建筑专业设置货梯。通常货梯的容积应能运送高为 2.6m 的机架，其载重量应不小于 1.6 吨。对于高层建筑的消防电梯，还应符合《高层民用建筑防火设计规范》。

当不设置货梯时，应设置可供搬运设备的楼梯。楼梯的设置应满足搬运通信设备及人员安全疏散的要求，不应采用螺旋楼梯，楼梯间的门洞宽度不得小于 1.5m，门洞高度不得小于 2.2m。如无特殊要求，楼梯净宽不小于 1.5m，楼梯平台净深不小于 1.8m，楼梯平台及梯段净高不小于 2.2m。

6. 门窗

应根据需要在各机房出入口及各功能区设置合适的门和窗，并同时满足气体消防对围护结构的要求，且应做到不渗水、不漏水。

通信机房的外门均应采用防火门，且应符合密闭和安全的要求，向疏散方向开启。双开门的净宽度一般不小于 1.5m，单开门的净宽度一般不小于 0.9m，高度一般不小于 2.2m，部分设备有特殊要求时，可作相应调整。

为了减少不必要的空调冷量损失并满足设备的洁净度要求，专业机房不宜设外窗。如有必须设置的外窗，应保证具有较好的防尘、防水、抗风、隔热、节能性能。

7. 机房净高和楼面荷载

机房的净高和楼面荷载指标是通信局房非常重要的指标，它将直接影响到可以在机房内安装何种设备以及设备的尺寸、安装方式等。机房的净高和楼面荷载往往需要在前期设计阶段充分论证，一旦完成建筑施工后或者到了设备安装阶段，就很难再做改变。对于外购机房，机房的净高、楼面荷载可能无法达到要求或改造的代价过高，这也是通信局房较少采用外购机房的主要原因之一。

楼面等效均布活荷载值是根据目前已有的有代表性的通信设备的重量和排列方式以及建筑结构的不同梁板布置按等值内力原则计算确定的。

机房净高是指机房地面到机房顶端或梁的下表面之间的垂直净空距离，需要考虑地板下净空间、机架高度、机架上方预留区域、走线架区域、消防区域、空调风管区域等因素。

各类机房的净高、楼面荷载具体要求可参考表 2-1。

表 2-1　　　　　　　　　各类机房净高、楼面荷载具体要求

机房名称	最低净高要求（m）	楼面均布活荷（kN/m^2）
电力机房（有不间断电源的开间）、阀控式蓄电池室（蓄电池组四层双列摆放）	3	16
电力机房（无不间断电源的开间）、阀控式蓄电池室（蓄电池组四层单列摆放），蓄电池室（一般蓄电池单层双列摆放），数字传输设备室（背靠背排列）	3	13
数字传输设备室（单列排列），数据通信设备室，交换设备机房	3.2～3.3	6～10
高低压配电室	4	8
网管中心、计费中心等业务监控室，操作维护中心	3.2～3.3	6
设置活动地板的机房	3.5	6～10
楼梯、走廊		3.5

注：表中"最小净高"是指梁下到地面的高度，楼面荷载是指楼面等效均布活荷载，表 2-1 中的内容为规范要求。部分特殊的机房，如发电机房，应根据实际设备的尺寸和重量设计机房的净高及楼面均布活荷。

实际工艺设计时，除电力机房等荷载大于 $10kN/m^2$ 的机房外，其他通信系统机房的地面活荷载可以统一按 $10kN/m^2$ 要求。这样会给工程投资带来一定的影响，但根据结构专业的测算，荷载 $6kN/m^2$ 和 $10kN/m^2$ 每平方米的差价不大，因此从机房的远期利用率和使用灵活方便性角度考虑，按照统一标准设置多个机房荷载要求的做法对于某些局房来说还是值得的。

需要安装重量较大的设备，如大容量 UPS、蓄电池电源设备等，应参考相关机房的荷载具体要求，如电力机房。对于租用机房，通常需要对电源区域进行承重核算，在不满足条件时须通过承重加固解决。当然，蓄电池组也可以通过单层方式安装满足机房荷载条件，但是这样做浪费的机房面积太大，不建议采用。

对于租用或外购的机房，或者安装设备及使用功能发生变化后，需要注意对原有结构荷载进行合算，并提出加固方案。若机房内现有在用的设备，则加固方案还需要考虑对现有在用设备的安全运行是否产生影响。

8. 孔洞

各类通信孔洞在不影响结构的前提下，沿梁边、柱边设置，尽量使走线柜与墙柱平齐，且不破坏建筑结构钢筋。通过围护结构或楼板的孔洞，根据不同的情况，应采取防水、防火、防潮、防虫等措施。楼面管井在每层未启用处及启用的管道井的空隙处均应使用相应耐火等级的防火密封材料加以封堵，墙壁及隔断穿孔洞处均应使用非燃烧材料封堵。

9. 屋面

通信局房所在建筑的屋面构造，应具有防渗漏、保温、隔热、耐久的性能。平屋面宜按上人平屋面进行设计。有组织排水屋面的水落管，应设置在室外，不宜埋于墙（柱）内，不应在生产机房内通过。当屋面上设有天线杆、微波天线基础（包括轨道）、工艺孔洞时，应采取防漏措施。

10. 防火

通信局房的防火设计应符合 GB 50016《建筑设计防火规范》、GB 50045《高层民用建筑设计防火规范》等国家现行相关规范的规定。具体要求参见第 5 章描述。

11. 节能环保

通信局房应节能环保，应符合国家对环境保护及生态平衡的相关规范及标准的规定，应符合 GB 50189《公共建筑节能设计标准》和 YD 5184《通信局（站）节能设计规范》等国家现行相关标准的规定。具体要求参见第 6 章描述。

2.2.2　环境及空调工艺要求

1. 通信机房环境工艺参数要求

通信机房环境工艺参数主要取决于机房内通信设备对环境的要求，由于目前大多数通信设备对环境的要求基本接近，因此现有的各类标准在环境工艺参数上区别不大。

目前，国内大多数通信机房环境工艺参数主要参考 3 类规范标准：其中一类是通信运营商、互联网公司等企业根据自身特点制定的内部规范，第二类是我国相关政府部门编制的行业设计规范，第三类是国际上一些公认的建设设计标准。基本上，国内所有通信机房均可按照第二类标准进行设计、实施。

各个通信机房的环境工艺参数要求主要包含：温度、湿度、洁净度、电磁场、噪声、振动及静电等要求。

（1）环境温度、湿度

通信设备如果暴露在高温或高热梯度中，尤其是持续暴露在高热梯度中会产生热故障。从根本上说，在进行机房建设前，应该对服务器设备制造商规定的设备进风工况要求进行校核。同样，不合理的相对湿度也会对设备产生影响：相对湿度较高时，水蒸气在电子元器件或电介质材料表面形成水膜，容易使得电子元器件之间形成通路，导致设备故障；相对湿度较低时可能会导致静电释放，因而损坏设备。

根据《电子信息系统机房设计规范》要求，可将机房分为 A、B、C 三级，各级温、湿度有不同的要求，但均要求机房内保持恒温恒湿，同时需确保设备在正常情况和极限情况下都能稳定、可靠地工作，具体要求见表 2-2。

表 2-2   **通信局房各级温、湿度要求**

项目	技术要求			备注
	A级	B级	C级	
主机房温度（开机时）	23℃±1℃		18℃～28℃	
主机房相对湿度（开机时）	40%～55%		35%～75%	
主机房温度（停机时）	5℃～35℃			
主机房相对湿度（停机时）	40%～70%		20%～80%	
主机房和辅助区温度变化率（开、停机时）	<5℃/h		<10℃/h	不能结露
辅助区温度、相对湿度（开机时）	18℃～28℃、35%～75%			
辅助区温度、相对湿度（停机时）	5℃～35℃、20%～80%			
不间断电源系统电池室温度	15℃～25℃			

注：当采用机柜内送风、冷通道封闭、高温机柜等特殊工艺的机房时，机房环境温湿度标准需根据实际情况进行调整。

在 TIA-942 中对所有分级的数据中心环境参量做出了如下规定：温度要求 20℃～25℃，一般设置在 22℃左右，精度控制在±1℃；湿度要求 40%～55% RH，一般设置在 45% RH，精度控制在±5%。

另外，在此特别提出一个概念——温/湿度变化率。有些数据通信设备制造商及国外标准已经制定了环境变化允许速率的标准。在美国采暖制冷空调协会 ASHRAE 的"Thermal Guidelines for Data Processing Environments"（ASHRAE 2009）一书中，对于采用磁带驱动的数据机房推荐的温度变化率是 5℃/h，相对湿度的变化率<5%。

（2）洁净度及气体浓度要求

尘埃对通信设备的运行有不利影响，腐蚀性气体可以很快地损坏印刷电路板中的金属薄膜导电体，并可以在端接点处造成很大的电阻。此外，尘埃和其他污染物聚集在设备排热面上会严重影响设备散热，造成设备运行效率低下，所以高质量的过滤和良好的过滤器维护是非常重要的。

在《电子信息系统机房设计规范》中，A 级和 B 级主机房的空气含尘浓度在静态条件下测试，每升空气中大于或等于 0.5μm 的尘粒数应小于 18000 粒。各种气体浓度要求见表 2-3。

表 2-3　　　　　　　　　　　　　通信机房气体浓度要求

名称	平均值（mg/m³）	最大值（mg/m³）
二氧化硫	0.2	1.0
硫化氢	0.006	0.03
二氧化氟	0.004	0.15
氨	0.05	0.15
氯	0.01	0.3
盐酸	0.1	0.5
氢氟酸	0.01	0.5
臭氧	0.005	0.1
一氧化碳	5	30

近几年来，国外的数据机房对空调洁净度越来越关注。有一项研究表明，即使空气过滤器的效率达到 85%，高压房间的含尘量会比低压房间大。这项研究指出：所有进入室内的空气均需要进行初高效过滤，或者使房间需要保持较低的压力，以减少通过室外空气过滤器造成的房间污染。对于部分地区室外空气质量较差的情况，室外空气在进入通信机房之前应先进行除尘、除盐分和除腐蚀性气体的处理与预调节。

（3）电磁场、噪声、振动及静电等要求

在《电子信息系统机房设计规范》中，对电磁场、噪声、振动以及静电等做了如下规定。

① 在计算机系统停机条件下，主机房内的噪声在主操作员位置处测量应小于 65dB（A）。

② 在频率为 0.15～1000MHz 时，主机房内无线电干扰场强不应大于 126dB。

③ 主机房磁场干扰不应大于 800A/m。

④ 在计算机系统停机条件下，主机房地板表面垂直及水平向的振动加速度值不应大于 500mm/s²。

⑤ 主机房地面及工作台面的静电泄露电阻应符合《计算机机房用活动地板技术条件》（SJ/T 10796）的规定。

⑥ 主机房内绝缘体的静电电位不应大于 1kV。

在《电子计算机场地通用规范》（GB/T 2887）中，对机房的相关电气参数也有相近的规定。

2. 通信机房空调工艺设计要求

① 通信机房所配置的空调设备应优先选择恒温、恒湿机房专用精密空调机组。这类专用空调机组具有自动加湿和减湿功能，有完备的高效空气过滤装置，且运行操作方便，机组的稳定性和可靠性高。

② 通信设备区域机房专用空调采用铺设架空地板下送风，地面作保温隔热处理。

③ 通信机房配置空调机组室外机组均安装在室外机专用平台。

④ 空调室内机组均安装在机房外侧靠墙处，机组采用两侧送风方式。

⑤ 为保证空调送、回风效果及空调室内机组检修间距要求，通信设备机柜安装位置距离空调前端面至少应保持 1.0m 的间距。

⑥ 机房土建阶段应预留空调加湿立点、排水立管、地漏及空调冷媒管线上至屋面的走线

孔洞。

⑦ 空调运行状况应与网管监控连接。空调订货时应明确通信接口和通信协议。

2.2.3 消防工艺要求

消防系统是通信设备机房、电池电力室和变配电房必不可少的一个保障。机房消防必须采用安全可靠、无腐蚀作用、不损坏通信设备的气体自动灭火装置。并应根据气体灭火的要求，设计系统所需的其他联动和火灾报警设备：例如，需在灭火区域外墙上设置气体紧急启停按钮，设置气体喷放指示灯；在灭火区域内设声光报警器等，应符合现行国家标准《气体灭火系统设计规范》（GB 50370）的规定。火灾报警系统的设置应符合 GB 50116《火灾自动报警系统设计规范》的有关规定。

消防工艺是对设置气体消防的机房与土建相关部分提出要求(这里的气体是指七氟丙烷、三氟甲烷（HFC-23）、IG541 混合气体和热气溶胶等常用气体)，设置其他灭火系统以及其他与消防相关的部分应按照国家现行的相关规范和标准执行，具体要求如下。

① 灭火剂的选型应优先考虑系统的可靠性、环保性、先进性、经济性，宜选用具有大量成功案例的成熟产品。

② 当通信机房内设置下送风、吊顶时，其下送风管道、吊顶内空间的容积应计算在防护区内；当设有吊顶天花时，为防止由于两个空间的压强差造成天花板跌落，安装吊顶的机房应设置通透性天花板，其投影面积不宜小于机房总面积的 1/5。

③ 如监控中心设有自动喷水预作用系统，为确保系统的可靠性，预作用控制阀及其控制系统须为同一厂家生产。

④ 通信机房应设置火灾自动报警系统，火灾报警控制器应设在有人值守的消防控制中心或将火灾报警信号送至有人值守的消防控制中心。有条件的应实行火灾自动报警系统（省市消防报警系统）联网，实现火灾报警集中监控； 火灾自动报警系统应与主机房设置的自动气体灭火系统和预作用喷水灭火系统相配套；火灾自动报警系统应与出入口控制系统联动。

2.2.4 电源设备机房工艺要求

电源设备机房主要包括电力机房、变电所及油机发电机房，其工艺要求如下。

1. 电力机房（区）

电力机房（区）安装直接为通信设备供电的电源设备，通常距离通信设备机房较近，其工艺要求基本参考通信机房的共性要求，其中需要特别注意的是，由于蓄电池组重量较大，必须对电力机房（区）的楼面荷载特别提出要求，否则将直接影响蓄电池组的配置容量、安装方式甚至影响相关通信设备机房的规划。电力机房电源机架区和蓄电池区现场图分别如图 2-3 和图 2-4 所示。

2. 变电所

变电所的工艺要求主要参考 GB 50053《10kV 及以下变电所设计规范》中的相关规定，主要是从满足设备安装、电缆走线和防火安全的角度出发。

高压、低压配电室机房长度大于 7m 时应有两个出入口，其中一个应直通室外。变压器室、配电室等应设置必要的设施，防止雨雪和小动物从采光窗、通风窗、门、电缆沟等进入室内。变配电室的电缆夹层、电缆沟应采取防水、排水措施。

图 2-3　电力机房电源机架区现场图

图 2-4　电力机房蓄电池区现场图

当变电所分楼层设置时,由于变压器的重量及设备尺寸的特殊性,还需要根据设备重量对所在区域的楼面荷载以及设备进出通道特别提出要求。

低压配电室现场图如图 2-5 所示。

图 2-5　低压配电室现场图

由于母线方式可以满足高可靠性和高安全性的要求，随着通信局房用电量的不断增大，越来越多的通信局房在低压配电的主干部分采用了母线方式，甚至在大容量设备电源的配电部分也有采用母线供电的方式，其现场图如图 2-6 所示。若采用母线排供电，考虑到母线拆装更换困难，因此一般按满足终期容量确定其截面。如果终期用电容量很大，则可按照一定的用电容量配置母排，远期再根据需要并装扩容多根母线。此外，还需要注意事先明确母线排绝缘方式及走线路由。

图 2-6　大容量设备电源采用母线供电的现场图

3．发电机房

发电机组是指能将机械能或其他可再生能源转变成电能的发电设备。一般通信局房常见的发电机组由汽轮机、水轮机或内燃机（汽油机、柴油机等发动机）驱动。由于柴油发电机组的容量较大，可并机运行且持续供电时间长，还可独立运行，不与地区电网并列运行，不受电网故障的影响，可靠性较高，因此通信局房在市电停电至市电恢复阶段，多使用柴油发电机组作为最后的供电保障。

在电源设备机房中，安装柴油发电机组的机房是较为特殊的机房，由于柴油发电机组在重量、震动和噪音以及进排风、排烟等方面对建筑有较多特殊的要求，因此在工艺要求方面有许多特殊之处。

发电机房的总体要求是：当发电机组安装在主楼地上楼层时，发电机房内应有专用进/出通风管道、排热、排烟、供水及减少噪声外泄和防震等设施，以达到有关规范要求，并应考虑机组施工搬运的方便。发电机组安装在主楼内时，还应根据机组及其附属设备的重量、底面尺寸、安装排列方式等计算确定楼面活荷载值。当发电机组安装在主楼地下室时，除应满足地上楼层的上述要求外，地下室还应采取防潮、防水、排水等措施。

发电机房设计应符合国家相关防火规范的规定。发电机房的内墙面和顶棚抹灰，应有利于吸声，其地面应平整、耐磨、光滑且易于清洁油污。外门尺寸应按实际需要确定，并向外开启。出入口应设置坡道。油机发电机现场图如图 2-7 所示。

图 2-7　油机发电机现场图

（1）油机发电机的本体

机房房顶的高度，距机组顶端的距离不应小于 1.5m，通常要求房高不低于 4.5m，这是机组通风散热及检修起吊机件所必须持有的最小间距。对于大、中型机组，应考虑安装或日后检修时，悬挂起重葫芦起吊整台机组或各种部件，机房房梁结构强度应能承受最大一台机组重量 3 倍以上的承压。根据国家相关防火规范的规定，柴油发电机房应采用耐火极限不低于 2.0 小时的隔墙和 1.5 小时的楼板与其他部位隔开。

（2）油机基础

由于柴油发电机组，尤其是大容量机组，通常重量较重，需要安装在特制油机基础上，使柴油发电机组的重量分布于足够的面积上避免沉降，而且油机基础吸收机组在运转中产生的不平衡力，减小机组震动。基础应用标号不低于 450 号的混凝土并捣筑。

油机基础的位置主要需考虑方便对油机的操作及维护。油机基础距墙的距离不应小于 1m，如果油机房设置 2 台或 2 台以上的油机，则相邻油机基础之间的走道不宜小于机组宽度的 1.5 倍。油机操作面与墙之间的间距不应小于 1.5m。油机基础各边应超出机组最宽处 150～300mm。通常无需预留地脚螺栓。基础底面与垫层之间应填减震材料，基础四周宜设置缝宽 25～50mm 的隔震缝。油机减震装置符合要求时，可不设隔震缝。机组基础与机房地坪可以做成同一高度，也可以使基础高于或低于机房地坪 50～100mm。

（3）通风、散热及排烟

根据散热方式不同，发电机组可分为风冷机组和水冷机组。由于风冷机组受热负荷和机械负荷限制，功率一般都比较小，因此通信局房较多采用的是水冷机组。对于较大的水冷机组，机房的热风主要是通过风扇散热器来散热，机房的布置和设施应将热风引到机房外。通常利用门洞或墙洞，再加上可拆移的引风罩将热风引出发电机房。

发电机的排烟路径上的 90°弯不宜多于 2 个，进排风的路径应保证足够的风量及空气的顺畅流通。排风口应避开公用人行通道，若无法避开，则应高于人行通道地面 2.5m。排风口及排烟口还应避开大楼新风系统入口。

（4）降噪

发电机房噪声的来源复杂，既有机组本体噪音，也有进排风噪音和排烟噪音，需要根据柴油发电机组的工作原理及其噪声的产生原因，依据声学原理，采用隔音、吸音、消音、缓冲扩张等综合治理措施减少室内混响，降低噪音外泄，消除排气噪声。具体方案有很多，除上面提及的油机基础加装隔震缝外，还有诸如排烟管加装二级消音器、在机房的墙面及顶部敷设吸音铝质扣板（内贴离心超细玻纤棉），在进排口安装消声百叶窗；在进排风通道内壁安置片式消声器以进行吸音处理，机房门采用防火隔音门，发电机组的水箱与内排风口进行软连接等等，建议聘请专业的设计公司或厂家根据具体情况进行有针对性的降噪设计。柴油机房在采取专门的降噪措施后，应达到国家环境保护标准 GB 3096《城市区域环境噪声标准》的要求。

（5）防火

发电机房是通信局房防火的重点关注对象，除按照上面介绍的耐火隔墙、楼板及储油间的相关规定执行以外，还应设置火灾报警装置以及与柴油发电机容量和建筑规模相适应的灭火设施。

油机房的照明线路应接在消防配电回路上，储油间的照明灯具应采用防爆灯具。

（6）油机的搬运对工艺的要求

大型油机的油机房可先不砌外墙，待油机搬入后再按照设计布置墙体或进风室等，发电机房的位置应便于大型油机的进出；当油机必须设于地下室时，通常需要在一楼楼顶预埋吊装油机的吊钩，油机上方的楼板需要待油机安装后再浇封。

（7）储油间

根据国家相关防火规范的规定，柴油发电机房内应设置储油间，其总存储量不应超过 8 小时的需要量，储油间应采用防火墙与发电机间隔开；当必须在防火墙上开门时，应设置能自动关闭的甲级防火门。

对于大功率柴油发电机组，储油间设置的油箱容量可能超过规范允许的容量，可通过设置专用柴油输送管道及对外接口，方便油罐车进行供油；或者设置专用的地下柴油库。

采用地上柴油库时，应符合下列规定：

① 不应开设采光窗，但应设置通气洞，洞口应安装百叶或金属网罩；

② 设乙级防火门向外开启，其门净宽不小于 1.2m，墙上应预留油罐出入洞；

③ 室内地面标高应低于门口处室外地面标高 30mm，入口处应做坡道；

④ 建于炎热地区的地上柴油库的屋面应采取隔热措施。

当采用地下柴油库时，应采取防潮、防水和通风措施。直埋地下的丙类液体卧式罐，当单罐容积小于等于 50m³、总容积小于等于 200m³ 时，与建筑物之间的防火间距可按相关防火规范的规定减少 50%；总储量小于等于 15m³ 的丙类液体储罐，当直埋于一、二级建筑物外墙外，且面向储罐一面 4.0m 范围内的外墙为防火墙时，其防火间距可不限。

2.2.5 进线室工艺要求

进线室主要用于容纳光电缆、连接硬件、保护设备和连接网络提供商布线设备，其设置原则与工艺要求如下。

1．进线室的设置原则

（1）便于光电缆进局，光缆进线室宜考虑两路及两路以上不同方向光缆进局管道，管孔数应满足终局容量。进局管道的材料应选用易封堵、高强度、耐腐蚀管材。

（2）管道进口底部离进线室地面距离不应小于 400mm，顶部距天花板不宜小于 300mm，管道侧面离侧墙不应小于 200mm，管孔均应采用有效的防水堵塞措施。

（3）进线室应为专用房屋，不应与其他设施共用，不应堆积杂物，不得作为通往其他房间的走道。

（4）光缆进线室在建筑物中的建筑方式宜采用全地下室和半地下室两种主要模式；条件许可时应优先选择半地下室，以利于通风、排水。

（5）光缆进线室在通信楼中所处的位置宜靠外墙设置。

（6）净高和面积应满足容量和工艺要求。

（7）光缆进线室应考虑设置施工、维护人员上下、进出通道。布置应便于施工维护，满足光电缆弯曲半径要求。

（8）光缆进线室的照明与通风应符合要求。

2．进线室工艺要求

（1）光缆进线室内不宜有突出的梁和柱。

（2）光缆进线室不宜通过其他管线，在不影响总体布局及光缆布放的情况下，对必须通过进线室的其他管线，应采取保护措施，严禁通过燃气管线和高压电缆线。

（3）进局管道穿越承重墙时，必须与房屋结构分离，管道上不得承受承重墙压力。

（4）光缆进线室应具有良好的防水性能，不应渗漏水。光缆进线室内应设积水坑或挡水墙，室内地坪应向积水坑倾斜，积水坑宜置于进局管孔下方，进线室应设有抽排水设施。

（5）全地下进线室净高不宜小于 2m；半地下进线室地面埋深不宜小于室外地坪 1m。

（6）进线室宽度：单面铁架不得小于 1.7m，双面铁架不得小于 3m。

（7）光缆进线室应具有防火性能，采用防火门，门向外开，宽度不宜小于 1m。

（8）光缆进线室宜设置两个及两个以上的光缆上线洞或上线槽。

（9）预留孔、槽位置准确，应粉刷，地表抹平。

（10）光缆进线室内四壁和天花板应抹光，地表面应抹平。

（11）光缆上线洞应以长方形为主，宽度不宜小于 250mm。

（12）应达到普通通风要求。

（13）照明防潮防爆，插座离地面高 1.4m，照明开关设在入口处。

（14）进线室应预留大楼内联合接地网的接地端子。

（15）光缆进线室的铁架安装设计，应根据进线室的建筑结构、面积、净高、进局管道方向、孔数及上线洞位置等因素综合考虑。进线室使用的铁架应符合国家或通信行业标准的定型产品和构件。

（16）光缆进线室有关抗震、防火部分，应按通信行业标准《电信建筑抗震设防分类标准》（YD 5054）与《邮电建筑防火设计标准》（YD 5002）执行。

某通信局房进线室工艺要求图如图 2-8 所示。

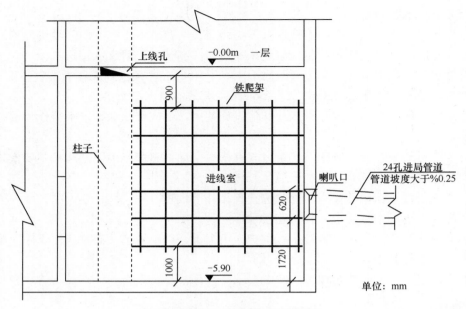

图 2-8　某通信局房进线室工艺要求图

2.2.6　照明工艺要求

照明的基本要求是机房应有充足照明，设有机房疏散照明、应急照明和安全出口标志灯，建议参照《电信专用房屋工程设计规范》（YD 5003）及《电子信息系统机房设计规范》（GB 50174）相关要求执行。

照明设计计算点的参考平面高度应为 0.75m 的水平工作面，垂直面照度（直立面照度）的参考高度应为距地面 1.4m 的垂直工作面。各类通信局房的照明要求可参见表 2-4。

表 2-4　　　　　　　　　　　　通信局房照明要求

机房名称	被照面	照明方式	照度（lx）
交换机房、数据机房、传输机房	地面	一般照明	300
网络管理中心、计费中心、维护中心	水平面	一般照明	300
电力机房、高压配电室、低压配电室	水平面	一般照明	200
变压器室、空调机房、光（电）缆进线室	地面	一般照明	100

注：以上内容若有不详之处，请参照国家相关规范执行。

通信局房的照明方式宜采用一般照明（包括分区一般照明）、局部照明（包括列架照明）和混合照明。照明光源应采用高效节能荧光灯（如 T5 或 T8 系列三基色荧光灯）作为主要照明光源，不应使用普通电感式镇流器，宜采用高效优质电子镇流器或新型电感镇流器（需加电容补偿）。照明用电线不得使用铝线。接入保证供电系统的灯数不少于总灯数的 1/3，当市电停电时，可由油机电保证供电，在供配电的线路上应从低压配电室单独引入。应配备一定数量的应急灯具，在油机尚未启动时，习惯上可采用蓄电池提供应急照明设施的供电，或采用有源应急灯，该类灯具白天或机房有保证照明时处于关闭状态。照明灯具与机架平行，且安装于机架列间，要求在设备正面和背面均有灯光直射，尽可能避开列架、走线架。某局房照明工艺要求图（局部）如图 2-9 所示。

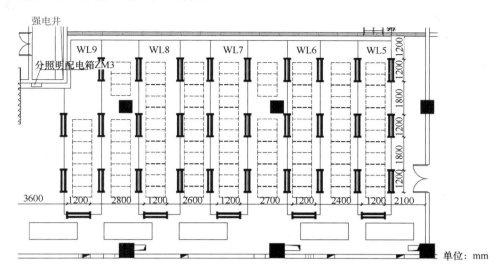

图 2-9　某局房照明工艺要求图（局部）

照明灯具的选择应考虑均匀度，工作区域内一般照明的照明均匀度不应小于 0.7，非工作区域内的一般照明照度值不宜低于工作区域内一般照明照度值的 1/3。照明灯具还应考虑对比度，防止眩光影响。

电缆进线室、发电机房、水泵房、冷冻机房等，应以高光效、显色性好的节能灯、金卤灯作为主要照明光源，对于需要防止电磁波干扰的场所，或因频闪效应影响视觉作业时，不宜采用荧光灯。储油间应采用防爆型的安全灯，室内不得安装电气开关、保安器等。管线的出口和接线盒等安装时应以沥青填塞密封。安装阀控式密闭电池时，电力机房照明可不做特殊要求。电力机房、高低压配电室、油机发电机室等重要的配套机房，必须安装事故照明灯具。

各设备机房和配套机房的照明灯具可采用吸顶式或吊挂式安装，各种灯具线路进行分区布线，采用开关分区、分组控制。应设置消防用疏散指示灯具，其电源亦可自电力机房相关电源设备输出端子引接，或消防系统另外考虑。机房内的照明控制开关应设在机房入口处。

另外，对于节能效果较好的 LED 灯具，由于目前价格偏高，且机房平常灯具点亮的时间不长，因此机房内 LED 尚未具备大面积使用的条件，但对于走廊、楼梯间等场所，LED 灯具具有良好的应用前景。

2.2.7　装修工艺要求

通信局房的装修应满足防火、防潮、防水、防尘的要求，并选用耐久、不易变形、易清洁、环保、无毒、无刺激性的材料。

首先，通信局房的装修应满足防火要求。室内装修材料应采用非可燃或阻燃材料，禁止采用包括木地板、木隔墙、木墙裙等木质装修材料及其他易燃的装修材料。室内装修设计选用材料的燃烧性能除应符合本规范的规定外，尚应符合现行国家标准《建筑内部装修设计防火规范》（GB 50222）的有关规定。

其次，通信局房的装修还应考虑防潮、防水。包括设置必要的挡水围堰及地漏，设置漏水报警系统等措施。

再次，机房装修应考虑防尘。按 GB 50174 的规定：A 级和 B 级主机房的空气含尘浓度，在静态条件下测试，每升空气中大于或等于 0.5μm 的尘粒数应少于 18000 粒。因此，除了采用必要的防尘处理以及空气过滤处理以外，在装修材料的选择上应选用不起尘的材料，以及采用隔断等方式对不同防尘指标的空间环境进行有效分隔。

最后，装修应选用耐久、不易变形、易清洁、环保、无毒、无刺激性的材料。为避免在机房内产生各种诸如反射光、折射光、弦光等干扰光线，宜选用亚光材料或带亚光涂层的材料。通信局房内各装修构件的材料选用及构造设计，还应有足够的牢固性和耐久性，并应考虑在房间使用过程中减少灰尘的渗入、存积和飞扬。

多数通信局房的装修只需安全、实用并满足通信设备对环境的要求即可，并不更多地考虑机房的美观性。但有些机房的装修还是需要一些特殊的考虑。比如因特网数据中心（IDC）机房，要考虑托管方人员的视觉感受，通常按照简洁、明快的现代风格进行装修；比如某些有人员常驻的监控室，还需要在一定程度上考虑人员的舒适及健康。

通信局房装修的具体要求一般包括以下几个部分。

1．地面、墙面及顶棚面

楼地面、墙面、顶棚面宜选择浅色系。面层材料应按室内通信设备的需要，采用光洁、耐磨、耐久、不起尘、防滑、不燃烧、环保的材料，并应满足机房在任何情况下均不得结露的要求。面层材料可参考表 2-5。

表 2-5　　　　　　　　　楼地面、墙面、顶棚面的面层材料

机房名称	楼地面面层	墙面面层	顶棚面面层
通信设备机房、电力机房	防静电水磨石、防静电橡胶地板、防静电地板毡、防静电涂料等不低于 B2 级的装修材料	乳胶漆等不低于 B1 级的装修材料	乳胶漆或 A 级装修材料
其他配套机房	水泥砂浆、水磨石、地砖等不低于 B2 级的装修材料	涂料、乳胶漆等不低于 B2 级的装修材料	涂料、乳胶漆或 A 级装修材料

（1）地面

通信局房的地面应能满足设备对楼地面的各项功能要求，包括绝缘、抗静电、耐久、耐磨、平整度和防火等要求，确保使用时易于清洁，不产生噪声、灰尘，表面光洁平整并有足够的强度等。楼地面面层表面对水平面的允许偏差，不应大于房间相应尺寸的 0.2%，最大偏差不应大于 30mm。

地面材料应考虑到机房楼地面材料的强度及耐久性要求，对于空调上送风的通信局房，不铺设地板，机架直接固定在地面，宜采用防静电水磨石、防静电地板砖等常用楼地面材料，也可以采用满足机房楼地面抗静电等相关技术要求的其他防静电楼地面材料。

关于地板的高度，应按照《电子信息系统机房设计规范》（GB 50174）的规定：活动地板下的空间只作为电缆布线使用时，地板高度不宜小于 250mm；活动地板下的空间既作为电缆布线，又作为空调静压箱时，地板高度不宜小于 400mm。在 TIA-942 标准中，Tier4 级要

求的防静电地板架空的最低高度为 750mm。

单块活动地板的尺寸一般为 600mm×600mm，应符合 GB 6650-86《计算机机房活动地板技术条件》的要求。抗静电地板的种类较多，根据板基材料可分为铝合金、全钢、中密度刨花板，其表面粘贴抗静电贴面。地板下的地面的平整度也应符合土建规范要求，如地面抹灰应达到高级抹灰的水平。地板下的墙面、柱面、地面还应进行防尘处理，从而保证空调送风系统的空气洁净度。由于设置地板而导致机房内外高度有落差时，机房门口还应设踏步台阶或坡道。

对于活动地板，还有其他如下要求。

① 抗静电地板安装时，同时要求安装静电泄漏系统。铺设静电泄漏地网，通过静电泄漏干线和机房安全保护地的接地端子封在一起，将静电泄漏掉。

② 活动地板应保证牢固、稳定及紧密、且易于更换。用吸板器可以取下任何一块地板，可以极其方便地对地板下面的管线及设备进行维护保养及修理。

铺设中的活动地板如图 2-10 所示。

为了配合地板下送风方式，机房内还需要配置通风地板。通风地板的结构组成与普通活动地板类似，但无发泡填料，通风系统由圆形通风孔组成，通风活动地板与普通活动地板配合使用，用于地板下部有通风要求的场所。图 2-11 即为一处同时安装通风地板和普通活动地板的机房现场图。

图 2-10　铺设中的活动地板

图 2-11　铺设通风地板的机房现场图

（2）墙面

通信局房的墙面应平整、光洁、无裂缝、不掉灰，尽量避免不必要的线脚，以免积聚尘土。墙面涂刷亚光油漆或乳胶漆等内墙涂料，材料的选用应确保墙面涂刷后的平整度、光洁度和耐久性要求，一般以明朗、整洁淡雅的色调为宜，同时机房的围护结构（包括各类内隔墙、实体外墙、玻璃幕墙外墙以及内外门窗）均应满足气体消防对围护结构的防火、耐压等相关技术要求，其技术指标参见气体消防相关章节。

为了减少机房空调的使用能耗损失，建议外墙面及内隔墙均采取一定的保温隔热措施。

2．隔断

为了便于进行防尘、空调以及噪声控制，并便于管理维护，通常采用隔断将较大的空间划分为不同的机房或功能分区。设置隔断时应根据实际需要，过多的隔断会降低机房的整体装机率。

机房外围隔墙及防火隔断一般采用轻质土建隔断墙，也可以采用轻钢龙骨架加纸面石膏板做基层，采用铝塑板饰面，内镶岩棉。由于其强度、表面硬度和防火性能指标均能满足要求，且保温、隔热、隔音效果较好，在通信局房内用得较多；也可以采用钢化防火玻璃或采用下半部轻钢龙骨隔断加上半部钢化防火玻璃的形式，这种形式通常用在监控室和通信设备机房之间，便于观察通信设备的运行情况。

最近，玻璃形式的隔断逐渐受到青睐。这种隔断有透视效果，较传统的隔断更美观，经常在数据中心机房中使用，如图 2-12 所示。但需要注意，一般机房为正压，当有火警时，灭火气体会增加机房压力，故玻璃隔断必须达到足够的耐压强度。如果既要进行简单的区域分隔，又不影响防火分区和空调系统的设置，可以考虑采用铁丝网的形式。

图 2-12 采用玻璃隔断机房现场图

3. 门、窗

门的尺寸应满足设备和材料的运输。门的装饰风格应尽量与所在房间或所在隔墙、隔断协调一致，且符合防火要求。一般在机房主入口根据安防要求设置钢制防盗门，配置必要的门禁管理系统。为方便参观或出于美观，也可选用防火玻璃拉门。

为了保证机房的空气洁净和安全，且机房内常年需要空调运行，为节约空调用电，原则上机房内采用全封闭，不设置窗。如考虑外立面效果，需要保留外立面开窗时，可以采用"保留外窗，内设封闭"的方法；如特别情况下（如采用智能通风等节能措施）需要设置外窗，外窗应具有较好的防尘、防水、隔热、抗风的性能。所有的对外开放的门窗宜采取必要的安全措施。

4. 吊顶

机房顶部的装饰风格，可以采用无吊顶板和安装吊顶板两种方案。

（1）无吊顶

无吊顶一般适用于大楼层高不足，但有利于吊挂式桥架上走线的机房情况。此时建筑顶部和管线外表面可涂刷颜色淡雅的环保无尘涂料，使管道和灯具本身成为顶板上的装饰，同时各种管线需铺设得美观整洁,整体效果自然简洁,生动流畅,现代感强。

(2)安装吊顶

安装吊顶适用于大楼层高完全满足机房需求且有一定美观要求的情况,其机房现场图如图 2-13 所示。吊顶内安装消防、照明等管路,在吊顶面层上通常还安装嵌入式灯具、通风口、消防报警探头、气体灭火喷头等装置。既可以采用综合布线上走线和联合吊顶方式,便于综合布线桥架的吊筋安装;也可以采用机柜顶部走线方式,尽可能减少或避免吊筋,增加机房的美观效果。

图 2-13　安装吊顶的机房现场图

吊顶应具备质量轻、防火、防潮、防尘、有良好的吸音效果、无毒、抗腐蚀、抗变形等性能,既可一种花色整体铺设,也可几种花色任意拼组,以形成丰富的视觉效果。常用的材料有铝合金板、钢板、铝塑板、石膏板等,因为金属不会燃烧,符合消防安全的需要,所以最常见的吊顶为金属材质。

安装吊顶通常还有如下要求。

① 建议采用微孔结构,具有较好的吸音、隔音效果。

② 应便于安装及拆卸,维修方便。吊顶的每一个单元应可单独拆卸,可以为内部管线工程带来极大的方便。

③ 在安装吊顶前,原顶棚应进行防尘及保温处理;同时,吊顶本身必须防尘、美观,能与整个机房的风格保持统一。

④ 吊顶上部空间管线繁多,因此设计上要综合考虑,使各系统管路纵横交错,排列有序。

5.插座

各通信局房、电力机房内的电源插座采用沿墙边地面暗敷方式,电源引自本机房预留的保证照明电源箱。其他房间和公共部位的电源插座采用暗敷方式,引自本层配电间的照明配电箱。进线室电源插座距地面高度 1.4m。其他通信局房和其他场所的插座安装距地面高度均为 0.3m。根据用电设备的重要性,还可以设置若干由 UPS 供电的插座。

以上为一般机房的装修要求,由于装修材料很多,比如全钢地板、钢化玻璃,只要不违反规范,满足机房内设备的工艺要求,都可以采用。对于暂时不使用的机房,可暂不按照上述要求进行装修,但应考虑以后改造为机房的可能性、方便性。

2.2.8　其他要求

通信局房还应根据《通信工程建设环境保护技术暂行规定》（YD 5039）及当地环保部门的相关规定，对通信局房的电磁辐射、噪声控制及环境保护提出相关要求；根据《电信设备安装抗震设计规范》（YD 5059）及《电信建筑抗震设防分类标准》（YD 5054）对通信局房的抗震设计提出要求。

有些机房近期暂不按照远期规划使用的（如临时用房或发展机房），其工艺要求不仅应满足近期需要，还应考虑以后远期改造的可能性、方便性。

另外，某些通信局房还有一些个性化的要求，需要相关专业提出各自独特的工艺要求，比如一些涉及国家秘密或企业对商业信息有保密要求的机房需设置电磁屏蔽层，再如安装楼顶铁塔的局房，需要根据塔型、塔高、是否需要美化等相关内容对土建专业提出具体要求。这些个性化的要求应根据相关规范进行设计，在此不再赘述。

第3章
通信局房规划

3.1 通信局房规划的内容

首先，应通过业务预测，确定通信局房的中远期发展规划。

其次，应在确定局房等级的前提下，根据中远期发展规划，从全局出发，明确近期和远期的通信设备及相关配套设备的安装规模需求。

再次，结合设备规模需求，明确各个机房的用途以及需求的面积和位置，进行科学、合理的各专业设备平面布局及立面规划。

最后，通信局房应根据平面布局和立面规划，提出空间区域沟通方案，包括走线架的规划及各类线缆的路由，确定相关建筑孔洞，确定电源、空调及消防等系统的建设方案等。

通信局房的规划，应针对各专业相关设备的安装及维护要求、各系统之间的关系、相关设备的搬运路线、建筑管线敷设、结构荷载、消防要求等因素进行综合分析和方案比较。除了应符合相应规范外，还应结合相应的机房和设备的特点。

由于局房规划只是预安排，在安装设计阶段很可能发生变化，因此机房规划既要有通用性，条件允许的情况下应保留一定的通用性平面空间，以适应不同专业及厂家的设备，也要能够针对局房的特点满足一些特殊的需要。

良好的局房规划不仅可以使机房整洁美观，更重要的是，可以提供设备安全可靠的运行环境，满足中远期设备的更新及扩容需求，支持设备故障的快速处理。可以在满足业务发展的情况下，避免出现系统瓶颈，并提高通信设备运行维护管理的效率，对于降低运营成本、提高企业的服务质量和竞争力等都具有很重要的意义。不进行规划而草率地直接进行设备安装设计及施工，或者后期随机改变机房用途和局房规划，可能导致相关配套设备配置甚至建筑本身需要改造，部分局房由于无法改造而造成投资浪费或导致通信设备后期难以更新及扩容。

3.2 通信局房分级

按照我国《电子信息系统机房设计规范》（GB 50174），通信局房也可根据使用性质、管理要求及机房设备故障对经济和社会上造成的损失或影响程度，分为 A、B、C 三级。

A 级为容错型，是最高级别，在系统需要运行期间，其场地设备不应因操作失误、设备故障、外电源中断、维护和检修而导致电子信息系统运行中断。

B 级为冗余型，在系统需要运行期间，其场地设备在冗余能力范围内，不应因设备故障而导致电子信息系统运行中断。

C 级为基本型，在场地设备正常运行情况下，应保证电子信息系统运行不中断。

表 3-1 列出了该规范中各级电子信息系统机房技术要求的空气调节及电源部分的技术要求。

表 3-1 各级机房空气调节及电源部分的技术要求

序号	项目	技术要求			备注
		A 级	B 级	C 级	
34	空气调节				
35	主机房和辅助区设置空气调节系统	应		可	—
36	不间断电源系统电池室设置空调降温系统	宜		可	—
37	主机房保持正压	应		可	—
38	冷冻机组、冷冻和冷却水泵	$N+X$冗余（$X=1\sim N$）	$N+1$冗余	N	—
39	机房专用空调	$N+X$冗余($X=1\sim N$)，主机房中每个区域冗余 X 台	$N+1$冗余，主机房中每个区域冗余 1 台	（$N=1$、2、3……）	—
40	主机房设置采暖散热器	不应	不宜	允许，但不建议	—
41	电气技术				
42	供电电源	两个电源供电，两个电源不应同时损坏		两回线路供电	—
43	变压器	M（1+1）冗余（$M=1$、2、3……）		N	用电量较大时，设置专用电力变压器供电
44	后备柴油发电机系统	N 或 $N+X$ 冗余（$X=1\sim N$）	N 供电电源不能满足要求时	不间断电源系统的供电时间满足信息存储要求时，可不设置柴油发电机	—
45	后备柴油发电机的基本容量	应包括不间断电源系统的基本容量、空调和制冷设备的基本容量、应急照明和消防等涉及生命安全的负荷容量		—	—
46	柴油发电机的燃料存储量	72 小时	24 小时	—	—

续表

序号	项目	技术要求			备注
		A 级	B 级	C 级	
47	不间断电源系统配置	2N 或 M（N+1）冗余（M=2、3、4……）	N+X 冗余（X=1～N）	N	—
48	不间断电源系统电池备用时间	15min（柴油发电机作为后备电源时）		根据实际需要确定	—
49	空调系统配电	双路电源（其中至少一路为应急电源），末端切换。采用放射式配电系统	双路电源，末端切换。采用放射式配电系统	采用放射式配电系统	—
50	电子信息设备供电电源质量要求				
51	稳态电压偏移范围	±3%		±5%	—
52	稳态频率偏移范围（Hz）	±0.5			电池逆变工作方式
53	输出电压波形失真度	≤5%			电子信息设备正常工作时
54	允许断电持续时间（ms）	0～4	0～10	—	—
55	不间断电源系统输入端 THDI 含量	<15%			3～39 次谐波

表 3-1 中未列的部分包括机房的选址、建筑结构、机房环境及监控等多个方面的内容。可见，机房各个分级对通信局各相关系统均有不同的要求，机房等级越高，对各系统设施的要求也越高。

由于国内尚无一套系统的关于数据中心基础设施的规划和设计标准，近年来，国内的数据中心越来越多地采用了美国通信工业协会（TIA）发布的 ANSI/TIA-942 标准。该标准根据数据中心基础设施的可用性、稳定性和安全性将数据中心分为 4 个等级，最高为等级 4（Tier4）。在 4 个不同等级的定义中，包含了对建筑结构、电信基础设施、安全性、电气、接地、机械及防火保护等级的详尽要求。表 3-2 仅摘选了电源系统方面根据分类等级的参考向导译文。

表 3-2　　　　　　　　　ANSI/TIA-942 中关于电源系统的要求摘选

	等级 1	等级 2	等级 3	等级 4
市电引入	单供	单供	双供	从不同公共变电站双供
允许并行维修系统	无	无	有	有
电脑及通信设备的电源线	单线 100%承载供电	双线每根 100%承载供电	双线每根 100%承载供电	双线每根 100%承载供电
单点故障	一个或多个单点故障的配电系统电气设备或机械系统服务	一个或多个单点故障的配电系统电气设备或机械系统服务	无单点故障的配电系统电气设备或机械系统服务	无单点故障的配电系统电气设备或机械系统服务

	等级 1	等级 2	等级 3	等级 4
后备燃油发电机容量（满载）	8 小时（如有任何需要，发电机 8 分钟后备时间）	24 小时	72 小时	96 小时
UPS 冗余	N	$N+1$	$N+1$	$2N$
UPS 维修分路器安排	分路器电源来自相同的市电和 UPS 模块	分路器电源来自相同的市电和 UPS 模块	分路器电源来自相同的市电和 UPS 模块	分路器电源来自一个循环 UPS 系统，此系统的电源来自使用 UPS 系统的不同总线

虽然近几年来 Tier4 的概念作为 ANSI/TIA-942 中的最高等级一直在国内被热炒，但是实际上真正满足 Tier4 的机房国内外都很少见，究其原因是 Tier3 和 Tier4 在保证度方面较为接近，但是 Tier4 相较于 Tier3 提高了 50%的建设成本，比如 UPS 电源配置由 $N+1$ 提升为 $2N$，油机容量从保证用电+1 备用提升到全建筑用电+1 备用，等等。建设单位往往舍 Tier4 而选择成本较低的异地/异址容灾。

由于通信局房内的各套子系统都是相互联系并协同工作的，应保持系统的整体平衡，一味提高某一个子系统的可靠性，并不能提高整体系统的可靠性，而且会造成不必要的投资浪费。局房的分级也遵循"木桶原理"。比如，只要有一项未达到 A 级标准的要求，从局房分级的角度，该局房并未达到 A 级标准。

总之，明确通信局房的分级是局房规划的重要前提，而且在通信局房分级的这个原则性问题上，一定要非常谨慎，只有明确了局房的分级，才能"看菜下饭，量体裁衣"，避免整体系统失衡以及不必要的浪费。

3.3 业务预测

局房的总体规划除了保证近期设备的安装外，也要满足中远期发展规划。应通过相关设备专业的协调沟通，以业务预测为基础，从全局出发，兼顾近期和远期的设备安装及各相关专业的需求。

业务预测应充分依据通信网络发展规划，注重从生产实际需要出发。业务预测应在满足当前需要的基础上，适当超前业务发展的需求。满足业务发展需要的年限按 10～15 年考虑，对战略性、标志性和综合性有长远需求的可以放宽至 20 年进行考虑。业务发展预留空间在现有业务需求的基础上多考虑 20～25 年。

业务预测应立足于对通信产业发展环境、新业务和新技术发展前景的把握，充分研究运营商通信网络发展规划，对各专业和各部门的业务需求进行充分的调研。调研内容和工作步骤应包括：

① 业务满足期内各专业、各部门在规划期内拟建的业务系统规模；

② 该业务系统规模下节点数量、容量；

③ 设备占用机房的有效使用面积和设备功耗；

④ 业务系统需占用的操作运行空间，维护生产人员的办公空间等；

⑤ 业务系统对备品备件、资料室等面积需求；

⑥ 对各专业和各部门业务系统所需传输系统、电力电池系统进行预测；

⑦ 汇总和整理得出通信局房建设所需工艺机房有效使用面积（电力电池室、高低压变配电、油机房由电源专业负责提供），由建筑专业负责，将有效使用面积折合成生产用房和生产辅助用房建筑面积；

⑧ 辅助用房需求由建筑专业根据该通信局房生产办公人数、办公标准、停车标准等指标确定。该项目总体建筑规模由以上生产用房、生产辅助用房和辅助用房三部分组成。

在建设单位已确定征用土地及土地容积率等建筑指标的情况下，可以由建筑专业先行确定项目总体建筑规模，给出生产用房和生产辅助用房工程有效使用面积的浮动范围。以此浮动范围为基础，对建设单位各专业和各部门提出的业务需求进行调整，使工程有效使用面积需求处于建筑专业给出的浮动范围之内。由于建筑专业确定的辅助用房建筑面积需求受生产办公人数、办公标准、停车标准等因素影响较大，可以重复以上过程多次，使业务预测趋于合理，项目总体建筑规模应符合用地要求和建设单位要求。

关于业务预测方法，主要有以下方面。

首先，进行用户数预测，主要有以下几种方法：

① 按业务渗透率进行预测，如 3G 用户预测、智能网业务用户预测；

② 根据市场调查数据进行预测，如数据多媒体业务预测；

③ 按人口普及率进行预测，如基础电信业务的预测；

④ 按类比法进行预测，如新技术相关业务；

⑤ 按增长趋势法进行预测，如传统电信业务。

如有相关业务和网络发展规划，应尽量采用相关规划中的业务预测结论。一般业务发展和网络发展规划均为近 5 年内的规划，考虑到通信业发展的速度和远期预测业务发展的不确定因素较多，因此建议远期预测采用预留发展局房的办法，远期业务发展局房一般按工艺局房近期业务发展需求的 25%～30%预留。

然后，进行设备容量及机房面积需求预测，预测内容包括：

① 根据用户数预测结果，确定设备容量；

② 根据设备容量预测结果确定规划期内建设业务节点设备数量；

③ 根据设备节点建设需求预测机房有效使用面积需求；

④ 根据设备节点建设需求进行设备耗电量预估，并提供给电源专业进行电力电池室机房面积预测。

一般业务预测中对各类机房需求的预测主要包括以下专业机房：

① 交换机房，长途网交换设备、本地网交换设备、移动通信网设备、信令网设备、智能网设备、软交换设备、3G 核心网设备；

② 数据机房，数据网设备、数据网关、业务平台设备、IPv6 网络设备、IDC；

③ 传输机房，长途传输设备、本地城域传输设备、同步设备；

④ BOSS 支撑系统机房，计费、结算、营业、账务、运营分析等支撑系统设备；

⑤ 网管机房，大屏幕显示系统、各专业网管设备、综合网管、网管终端等设备；

⑥ 集中维护中心机房，OMC、维护终端及告警设备；

⑦ 交/直流电力电池设备机房；

⑧ 光、电缆进局及光、电缆进线室。

3.4 区域规划

对通信局房进行区域规划时应全面了解各系统的空间需求、各系统之间的连接关系、局房远期规划、工作流程、维护要求等多方面因素，协同多专业，统筹规划，使有限空间在满足设备需求的情况下发挥最大效率。

对于中小型通信局房，通常采用功能分区的方式进行规划，即将某个机房划分为多个不同的存在互相联系的各功能区，从而使该机房具备完整或某个独立的功能。一个中等规模的通信局房平面规划图实例如图3-1所示。

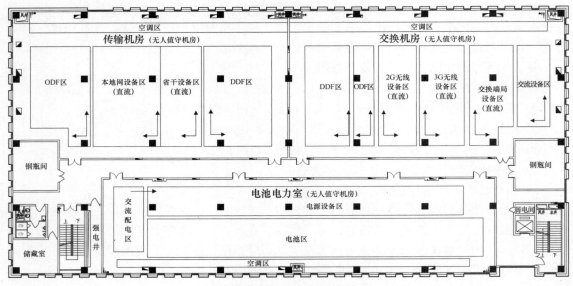

图 3-1　某通信局房平面规划图

对于大型通信局房，大多根据业务预测，可以完成机房的功能划分。区域规划方法基本和中小型通信局房相似。但是，对于远期业务方向、业务规模及发展前景不明的大型局房，比如数据中心，在远期规模预估上存在较大困难，容易发生前期基础配套不足或过于浪费的情况。在这种情况下采用模块化功能布局可有效解决上述困难。由于在降低规划难度、避免前期建设投入浪费等方面的优点，"模块化"的规划方法正在得到越来越广泛的应用。

模块化规划中的各模块可以包含子模块，子模块的组成使模块具备完整的功能，各模块可相互独立，又可以互相依存。模块越多，则规划以及建设、管理的难度就越大。完成每个模块的建设后，可以再进行下一个模块的建设，由于模块之间是相互独立的，新模块的建设也不会影响到原有模块的使用。

图3-2为模块化机房设计的示意图，每个模块中包含4个IT机房子模块以及电力电池室、钢瓶间、高低压配电室等多个配套子模块。

多个模块可以和其他配套系统组成一个独立的建筑模块，而多个建筑模块又可以组成完整的建筑群，如图3-3所示。

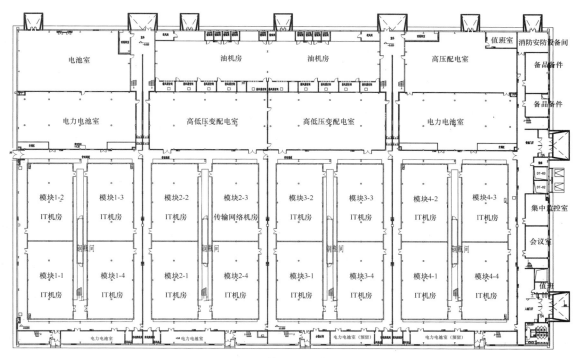

图 3-2　模块化机房的规划示例

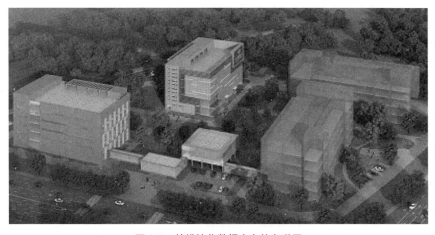

图 3-3　某模块化数据中心的鸟瞰图

3.5　专业机房的平面规划

专业机房平面规划包括：各专业机房的使用定位、机房平面区域划分及布局规划；以及在明确机房定位及平面规划基础上的通信设备及相关配套电源、空调等设备的安装位置确定。机房的平面规划要综合全面考虑到通信设备工作流程、系统连接、线缆路由及设备的维护操作方式等多个方面，因此需要由多个相关专业共同完成。

平面规划时通常遵循如下原则。

（1）满足设备安装对环境的要求，包括各专业设备的安全要求，空间安装、荷载等方面要求，供电、暖通消防等方面的规范和约束，以及相关缆线的连接要求等。

（2）应注重各专业整体平衡，不能片面提高通信设备的装机面积，而忽视其他配套系统的需求，否则很容易造成机房未装满，电源和空调等配套系统已无法满足需求的情况。这样反而造成了系统短板，降低了机房的利用率。

（3）应提高经济性，通过合理分区和布局，缩短工艺流程，减少走线桥架及线缆等材料的使用，减少不必要的能耗损失。

（4）应具有可扩展性，机房的平面规划应结合近期建设规模与远期发展规划，协调一致，适当留有设备增容或变化的空间，如设置可变的隔断等，以满足可能的改造和扩容需求，尤其是在设备需求难以明确的情况下。

（5）应便于维护管理，通过良好的工作环境，降低维护人员的劳动强度，提高工作效率。

在进行专业机房的平面规划时，除了需要关注主设备的需求外，还应注意局房的电源、空调、消防等系统的建设方案对平面规划的影响。比如空调的制冷能力、送风方式及冷热通道的间距将直接影响到通信设备的布局及可安装设备的数量。机房的整体供电能力影响到机房的整体规模，供电方式通过影响电源设备的配置影响到主设备的可安装面积，消防的具体要求影响到隔断的设置等等。第 4 章和第 5 章将介绍通信局房内电源、空调和消防等系统的建设方案。

通信局房的专业机房部分通常可划分为主设备区（主要用于安装通信设备）、辅助区（主要用于调测、监控通信设备，如进线室、监控中心等）、支持区（主要为电源、空调、消防等设备）。以下是针对上述区域内通信设备及各类相关配套设备的平面规划方法。

3.5.1 通信设备的平面规划

通信设备的平面规划通常应考虑如下几个方面的内容。

1. 机房内的区域划分及布局规划

通信设备主要安装在主设备区，包括小型机、服务器、存储设备、路由器、交换机等设备，根据设备供电方式的不同，还可以细分为直流设备区和交流设备区。如果是支撑系统机房，会安装部分高端 IT 设备，可以将主设备区分为标准机架区和非标准机架区。传输设备区主要安装 ODF、DDF 架等，用于楼层间光缆互通。

依据远期设备的建设规模，可以将不同类型的设备安装在不同的通信机房内，或者将多种不同类型的设备安装在同一个机房内。进行通信设备机房整体平面布局时，应遵循以下几个原则。

（1）应进行全面的技术经济比较，结合消防、安全及同址网络容灾的要求，充分考虑各网络设备的衔接，便于网络组织，减少初期投资。

（2）对机房设备布局进行规划前，还应核实楼面承重指标及相关设备承重要求。

（3）设备布局应便于维护、施工和扩建，提高机房面积和共用设备的利用率。

（4）设备布局规划应使设备之间的布线路由合理、整齐、规范，尽可能地减少往返，使布线距离最短。应统筹考虑机房交直流电源的引入、输出和信号电缆的走向，并确保电源电缆和信号电缆互不交叉。

（5）设备布局规划应考虑到整个机房的整齐和美观。一旦规划区域确定，不应随意更改。

利用原有机房安装时，应根据原机房的设备布局规划要求，在充分了解相关设备预留位置的前提下，按区域放置设备，将相同类型的设备尽量放置在同一区域，避免占用原预留给其他专业的位置。

（6）对于圆形、三角形和楼柱附近等不利于设备布局的机房平面，可考虑规划设置为备品备件库、监控区、维护终端区或放置杂项设备。

（7）在进行机房设备布局规划时，还应考虑不同厂家设备的电磁兼容问题，如不能确定不同厂家设备之间是否存在电磁兼容问题，应在相关的设备间留有安全间距。

（8）机房内属于同一系统的设备应尽量安排在一列，同时考虑扩容发展适当预留相应位置（预留位置应综合考虑现网设备尺寸，尽量具有通用性，以利于将来设备选型）。每列设备的高度、厚度尽量统一。在同一区域（至少在同一列）中应尽量采用几何尺寸、外观结构、颜色统一的机柜。

（9）通信机房除有特殊要求外，一般不作分隔。近期只安装通信设备时，可将未装机部分进行临时隔离，但分隔必须符合消防要求，并采取措施。保证这些临时性分隔在后期改建拆除时不影响设备的正常运行。

2．设备排布

完成机房区域规划后，就应考虑通信设备的排布，通常应考虑如下几个方面的内容。

（1）设备尺寸

各类通信设备可按照常用的设备尺寸进行规划排布。如核心网元及网络机柜等设备尺寸按 2200mm×600mm×800mm（高×宽×深）、DDF 架按 2200mm×600mm×300mm（高×宽×深）、ODF 架按 2200mm×600mm×300mm（高×宽×深）的设备尺寸进行设备平面的排布。当然，如果已确定安装的设备厂家，可以按照具体的尺寸进行设备平面的排布。

（2）设备排布方向

设备排布方向应参考空调的送风/回风方向，除非经过特殊的工艺处理，大多数情况下，不管是上送风还是下送风，排布方向与空调送风/回风方向垂直的排布方式都是不可取的。这样的排布方式不利于空调的送风/回风，可能造成空调效率降低，甚至影响设备的安全运行。

（3）单侧和双侧排列

根据机房出入口的位置情况、机房的宽度和各设备厂家要求的机架单排最多架数确定是单侧排列还是双侧排列。双侧排列设备的机房中部，应留有设备机列列端主要建设、维护走道。与主走道平行的两侧留次走道，主走道的宽度宜与消防门保持一致。在符合消防通道要求的条件下，通常考虑设备的进出等因素，单侧布放时机房的主走道净宽（净宽指设备与设备或设备与墙面的最大突出部分之间的水平间距，走道净宽中不可包括房柱）要求一般不小于 1.5m；双侧布放时机房的主走道净宽不小于 1.8m；次走道净宽要求一般不小于 0.8m；走道的净高不低于 2.2m。

（4）设备排列方式

机柜布置宜采用"面对面、背对背"的排列方式，相邻两列设备的吸风面（正面）安装在冷通道上，排风面（背面）安装在热通道上，实现分隔冷热气流，形成良好的气流组织，提高空调的制冷效率。规模不大的机房从美观角度出发也可以采用正面同一朝向的排列方式。

（5）机架间距

机架间距应根据单机架平均发热量不同而改变：设备单机架平均发热量约为 2kW 时，机架间距为 900～1000mm；单机架平均发热量约为 3kW 时，机架间距为 1～1.2m；单机架平均发热量约为 5kW 时，机架间距为 1.5～1.8m。主设备面对面列间距规划为 1.4m，背对背列间距为 1m，而无源设备 ODF、DDF 架配线区列间距按 1m 规划，空间能满足工程施工与维护即可。

（6）柱子的影响

机房中如有房柱，定基准时应尽量将机架与房柱安排在一条直线上，在考虑房柱前后排机架的开门和维护空间需求后，决定机架与房柱是中心对齐、正面对齐还是背面对齐。机架与同排房柱之间的距离，可综合考虑机架前后排对齐等因素，根据实际需要贴柱安装或留出适当的操作距离。

（7）消防疏散要求

成行排列的机柜，其长度超过 6m 时，两端应设有出口通道；当两个出口通道之间的距离超过 15m 时，在两个出口通道之间还应增加出口通道。

（8）设备搬运通道

用于搬运设备的通道净宽不应小于 1.5m，且机柜与墙或空调之间的距离不宜小于 1.2m。

某机房通信设备平面规划图（局部）如图 3-4 所示。

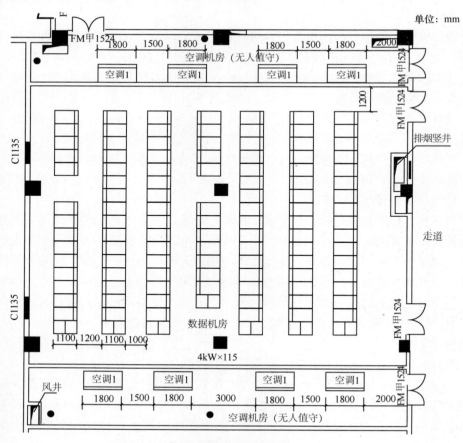

图 3-4　某机房通信设备平面规划图（局部）

3．空调设备对通信设备平面规划的影响

当空调采用直吹方式时，电源设备应与空调设备出风口保持一定的距离并与送风方向平行布放设备。

当空调送风方式为风管上送风或者地板下送风时，应将机柜的吸风面安排在冷通道上，排风面（背面）安排在热通道上，形成机柜"面对面、背对背"的冷热通道布置方式。结合机房内冷热通道的规划，空调的送风口应该设置在冷通道上，回风口对应热通道。

当选择风管上送风精确送风方式或封闭冷通道地板下送风方式时，需采用机柜前部有专用送风通道的定制机柜，机柜布置不区分冷、热通道，可采用统一朝向。

当选择加回风吊顶（风管）的冷通道封闭下送风时，机柜布置需设置冷热通道，回风口对应热通道。

通常建议在每列机架列头设置电源列头柜，用于本列集装架的供电。根据每列集装架的具体数量，可设一台或两台列头柜。

4．其他需要考虑的功能区

对于大型通信局房，由于安装设备或功能区划的特殊性，相比中小型通信局房，还需要考虑一些特殊的功能区，比如在建筑的设备入口处设置运输/接收区，又比如在数据中心为VIP 客户设置的独立机房，包括独立的空间和单独门禁系统。

5．数据中心平面规划

数据中心作为通信设备机房的一种，由于其承载业务的特点以及内部安装设备具有功耗大、供电保证度要求高等特点，相应地在规划方面也有其特殊性。

传统的规划方法是按照功能分区来进行规划，机房通常包括服务器区、网络设备区、传输设备区和空调区，与传统的通信设备机房在规划原则上基本一致。但是，由于数据中心业务发展的规模及方向的不确定性导致在数据中心机房的远期规模预估上存在很大困难，而且各类设备或各设备托管方的设备在建设等级、系统配置、管理及维护的要求上也会有不同，导致数据中心在配套设备的配置上存在"众口难调"的困难。在此背景下，随着对数据中心的不断探索，对数据中心建设比较了解且具有建设经验的建设单位，在数据中心的规划上逐渐向"模块化"进行探索和转变。

实际上，模块化数据中心的每个模块都是具有独立功能的多个功能区的组合，每个模块都会配置有电源区、服务器区、网络设备区、传输设备区和空调区。每个模块具有独立功能输入/输出接口与大楼的高低压配电及传输等基础共享资源连接，各模块的排列组合组成一个完整的数据中心。这样的数据中心在模块内的改造不会影响其他模块的正常工作，而且对于有特殊要求的设备可以配置特殊的模块，使得机房建设和维护的难度大大降低。当然，每个模块的电源系统容量以及作为基础共享资源的高低压配电系统的容量仍然需要在前期进行预测，否则数据中心不管是否为模块化建设，要么规模都会受到制约，要么"大马拉小车"造成资源浪费。

服务器的机架设置要求，对于传统规划或模块化规划的数据中心模块都是通用的。服务器区主要安装各种服务器等，网络设备区主要安装路由器、交换机等提供数据中心网络出口

的设备，传输设备区主要安装 ODF、DDF 架，负责综合配线柜内接入交换机至核心交换机之间的光纤跳接以及传输电路出口等建议采用 600mm×1200mm×2200mm（宽×深×高）的标准机架，如有特殊要求，机架尺寸可作调整。

机架可采用半封闭式机架和通透式机架。当机架采用通透式机架时，机架布置应采用"面对面、背对背"的排列方式，前、后门的开孔率均应达到 50%～70%。

当机架采用半封闭式机架时，机房内机架列间不存在冷热通道，应按照统一朝向的方式进行机架排列。机架的前门应完全密封，后门的开孔率应不低于 50%。当机房采用地板下送风方式时，半封闭式机架底板在机架前门与设备之间设置独立进风口，进风口设置可调挡板。

通常在每列机架列头安装电源列头柜，用于本列机架的供电。由于数据中心设备的重要性，每个机架应配置两路负载分担或主备工作方式的电源分配模块为机架内设备供电。相应地，电源列头柜应采用两个独立供电回路，甚至配置 2 个电源列头柜。

另外，在机架列尾安装综合布线柜，用于安装本列的业务接入交换机、网络配线模块和理线盒。机架内安装 24 口网络配线模块，配线模块的数量与该列的服务器机架内网络配线模块一一对应，用于连接各服务器的网线经由网络配线模块跳接。同时在机架内安装与配线模块数量相等的理线盒，用于架内线缆的整理。

当机架必须分隔时，可采用便于空调气流循环的通透式钢笼隔断，甚至设置 VIP 包间。不管何种形式，都应满足空调及消防专业的要求及规定。

3.5.2 电源设备的平面规划

1. 电力机房（区）

电力机房（区）的平面规划通常应考虑如下几个方面的内容。

（1）总体平面区域划分及布局规划

电力机房（区）宜设置在动力负荷的中心位置，即距离所有用电设备最近的位置，以节约电源线缆材料并降低日常运行费用。对于多层的通信局房楼，电力机房（区）宜采用分楼层设置。对于机房面积较大的楼层，宜在同一楼层设置多处电力机房（区）。甚至可以考虑将电源设备直接分散在机房内，与需要其供电的通信设备尽量靠近。

（2）设备排布

电源设备在确定初步建设方案的情况下，采用常用的设备尺寸进行规划排布。如果已确定安装的设备厂家，可以按照具体的尺寸进行设备平面的排布。由于电源设备厂家众多，尺寸也相差较大，如果未确定设备厂家，设备排布时应参考较大的设备尺寸，并预留有足够的空间。

电源设备排布方向的原则与通信设备一致，也应参考空调的送风（回风）方向，排布方向应与空调送风（回风）方向平行。

（3）与通信设备区的面积比

应合理设置电力机房（区）面积与通信设备区的面积比。随着通信网络的不断发展以及通信设备集成度的不断提高，单位面积通信设备的用电需求不断增加，安装相应电力设备的区域面积日益紧张，已有不少早期建设的专用电力机房面积不够而不得不将电源设备安装在通信局房内的实际案例。由于某一层楼的机房总面积相对固定，因此如何设置电力机房（区）面积与通信局房（区）面积比显得十分重要。通过统计现网机房功率密度等数据得出现阶段电力机房（区）与通信设备机房（区）面积配比建议如下。

① 大型数据设备机房（区）面积：电力机房（区）面积宜选择 2∶1，个别情况可达到 1∶1；

② 普通数据及交换机房（区）面积：电力机房（区）面积宜选择 2∶1～3∶1；

③ 交换机房及传输机房（区）面积：电力机房（区）面积宜选择 3∶1～4∶1。综合机房可以根据各种类型设备的比例参考上述比例确定面积比。

当然，上述面积配比值是一般要求下的建议值，并不是固定不变的，这个比值还受到通信局房内设备用电发展趋势的影响，电力机房（区）的面积还受到电源设备的体积、电源系统要求的可靠度以及建设方的具体规定及要求（比如多少个通信网元需要配置一套电源、每套电源电池后备时间以及每套电源负载率的上限要求等维护管理要求）的影响。在实际确定电力机房（区）的面积时也应加以考虑。就我们所知，某通信运营商的省级公司就有"电力机房与通信局房面积比例不低于 4∶6"的统一规定。

2. 发电机房

理论上最理想的油机房应位于空气洁净、通风良好的地方，且由于其震动和噪声的原因又不宜与通信设备及其他对震动和噪声敏感的区域距离太近。因此，油机房通常设置在大楼主体之外，或者设置在大楼主体或裙楼的首层。由于地下室不利于油机搬运且不利于油机的进、排风和排烟，因此除非万不得已，不建议将油机设置在地下室。

另外，为了方便电源走线及节省线材，油机房宜尽量靠近低压配电系统设备。

发电机房的空间大小应能满足发电机组进、排风等要求，发电机组排烟在不影响周围环境的情况下可以直接向外排放，否则应该预留排烟井道；发电机组的预留位置应考虑到其排烟管道的路由的弯头不宜超过 3 个。

发电机组安装在主楼内时，应根据机组及其附属设备的重量、底面尺寸、安装排列方式等计算确定楼面活荷载值，设计发电机组基础时应尽量减小机组震动对建筑的影响。发电机组安装在主楼地下室时，除应满足地上楼层的上述要求外，地下室还应采取防潮、防水、排水等措施。

发电机机房应单独设置日用燃油室，且储油量应能满足发电机组日常需求，同时符合消防要求。

3. 变电所

变电所的平面规划通常应考虑如下几个方面的内容。

（1）变电所的位置

通信局房变电所应尽量靠近负荷中心，当负荷较大时，为了减少楼层间的电力电缆，可以考虑将变电所设置在通信局房所在的各楼层内。

变电所的位置还应考虑方便进出线和设备搬运，避开剧烈震动、高温及有腐蚀、爆炸危险的场所。

另外，由于变电所不应设在地势低洼和可能积水的场所，当位于建筑的底层或地下室时应做好防水措施。还应避免处于如卫生间等有大量用水房间的隔壁或下层，以免内墙面潮湿从而引起设备故障。

（2）变电所的布置

通常情况下，对于中小型的通信局站，通常将高低压设备和变压器同机房布置，对于大型通信局站，则将高低压设备、变压器分机房布置，或将高压设备单独布置，变压器和低压设备另外单独布置。后者更为常见，在用电容量较大的机房甚至采用一个高压室，然后将变压器和低压设备分楼层设置。

对于高低压设备和变压器同机房布置的变电所，当空间狭长时，配电设备可以采用单列布置。考虑到变压器的通风散热，通常和高低压设备之间保持一定距离。在变电所空间允许的情况下，配电设备通常采用双列布置。高压设备和低压设备采用面对面的布置形式，两者之间留有充足的操作和维修通道距离。另外，还可以根据现场条件及设备配置，将配电设备采用 L 型和 C 型，对于高低压设备、变压器分机房布置的变电所，低压配电系统通常根据变压器的数量分为多列。不管是哪种布置方式，都需要注意保证变压器的散热和操作维护空间，另外，除非前期可以确认低压配电系统用电需求并已有足够的冗余度，则配电设备应考虑一定的扩容空间。

4．其他平面规划建议

（1）由于蓄电池组、大容量 UPS、隔离变压器等电源设备重量较大，规划电源设备平面时应考虑所在建筑的结构，使结构荷载合理，各楼层的结构荷载应有通用性。

（2）阀控铅酸蓄电池组无需设置独立的蓄电池室，可与其他电源机架安装在同一机房内。如无机房荷载等特殊原因，蓄电池组宜与相应的电源系统尽量靠近。

（3）区域或楼层的总交流配电屏应尽量靠近强电井，开关电源及 UPS 系统的输出屏尽量靠近通信设备。

（4）保证足够的主走道、次走道及维护走道。

3.5.3 空调设备的平面规划

空调设备平面规划的一般要求如下。

除采用行间制冷等定点制冷方式以外，空调室内机组应集中规划于通信机房四周，尽量避免将机组放置在机房中间区域。如条件具备，建议设置独立的空调安装房间。

如送风距离≤20m，建议采用单侧送风形式；如送风距离＞20m，建议采用双侧送风形式。空调机组送风方向应与通信设备安装方向平行。

空调室内机组宜布置于热通道端头，送风口宜设置在设备进风通道（冷通道）。

空调室内机组安装区域与通信设备安装区域之间需采取挡水措施，防止空调区域水源进入通信设备区，因而威胁设备使用安全。图 3-5 为某机房挡水围堰施工现场图片。

空调机组需预留足够的设备扩容位置。

空调室内机组与通信设备之间需要保证足够的维护走道，一般空调机组正面距离最近的设备之间要求不小于 1m；空调室内机组背部以及侧面需根据空调设备要求预留足够的检修维护空间。

空调区域需预留加湿供水点以及足够的冷凝水排水点。

空调机组的布置需要与通信设备功耗大小统一规划。

图 3-5　挡水围堰施工现场图

3.5.4　消防设备的平面规划

通信机房的消防设备平面规划应考虑消防泵房、消防水池、屋顶消防水箱、水管井的设置，这部分内容一般在土建设计时统一设计。这里主要讲述气体钢瓶间和防护区的规划。

储瓶间宜靠近防护区，且应有直接通向室外或疏散走道的出口；储瓶间设置的位置及高压细水雾的相关要求应根据管网系统的输送距离确定，同一钢瓶间可设置一套及一套以上组合分配系统的储瓶；储瓶间的面积与采用的灭火系统、防护区的体积及设计采用储瓶的容积有关，在工艺阶段，七氟丙烷（FM200）和三氟甲烷（HFC-23）储瓶间的面积，按照一套组合分配系统 25～35m^2 的面积估算；IG541（烟烙烬）储瓶间的面积，按照一套组合分配系统 50～70m^2 的面积估算。

防护区的划分应符合以下规定：采用七氟丙烷和烟烙烬灭火剂的管网灭火系统时，一个防护区的面积不宜大于 800m^2，且容积不宜大于 3600m^3；采用七氟丙烷灭火剂的预制灭火系统时，一个防护区的面积不宜大于 500m^2，且容积不宜大于 1600m^3；采用三氟甲烷灭火剂的管网灭火系统时，一个防护区的面积不宜大于 1000m^2，且容积不宜大于 4000m^3。

对于高压细水雾消火栓的设置，应符合如下要求：其安装间距不宜大于 60m，细水雾枪的有效保护半径 40m；消火栓流量从 10L/min 至 70L/min，在一个保护场所灭火时，应能保证可以同时启动的细水雾消火栓数目不少于 2 个。

对于高压细水雾灭火系统的防护区划分，应满足以下要求：灭火时，开式系统的分区保护面积不宜大于 500m^2，一个防护区体积不宜大于 2000m^3。进行分区保护时，应采用细水雾分隔喷头进行分隔，设计区带的宽度不宜大于 2.0m。

为了满足一个小于 500m^2 的防护区的高压细水雾的防火需求，通常需要设计至少 6 吨的水箱（流量系数 K=0.6）。另外，还需要结合管网水力损失、水力最不利点喷头与储水箱最低水位的静压差和喷头设计工作压力来计算系统的工作压力，作为高压水泵的选型依据。一般而言，需要在水箱周边设计不小于 3.5m×5m 的建筑空间，以放置两台（一用一备）高压水泵。

3.5.5　进线室的平面规划

1．进线室主体部分长度的确定
上线洞主要有两种形式。

（1）孔洞式

通常在进线室与测量室之间的楼板上预留好一排 60mm×90mm 或 90mm×120mm 的扁圆形孔洞，孔洞中心距离根据采用总配线架的直列间距确定，孔洞数量由终期总的直列数确定，原则上每个孔洞只安排一条成端电缆穿放。

（2）长条型孔或长条孔槽式

在进线室与测量室之间的楼板上预留好一排长条型孔或长条孔槽，每个长条型孔或孔槽的宽度为 120mm，长度没有明确的规定，可以由土建设计部门根据楼板的结构受力需要确定，但孔或槽间的净距应比总配线架直列的间距小 100～150mm；孔槽的总长度根据测量室终期安装的总配线架的总长度确定。目前较大通信机房的上线洞大多采用这种形式，缺点是测量室与进线室之间在穿放成端电缆后的孔洞密封措施稍有困难，但在布放成端电缆的施工、改扩建方面优势明显。

进线室主体部分长度的计算公式为：进线室主体部分的长度=第一个孔洞到始端墙的距离+孔洞占据总长度+末个孔洞到末端墙的距离。

孔洞到端墙的距离应满足施工最小操作空间、进局最大直径电缆的最小曲率半径、设置进局电缆接头和气闭接头位置等的需要。表 3-3 为孔洞到端墙距离的一般数据。

表 3-3　　　　　　　　　　　　　进线室孔洞到端墙距离要求

电缆铁架和进局管道的排列方向	特　　　点	孔洞距端墙的距离（不小于，单位：mm）	
		有横放的电缆接头时	无横放的电缆接头时
平行时	进局管道均对正电缆铁架上的电缆托盘	150	90
垂直时	进局管道未对正电缆托盘，电缆进局后要弯曲 90°才能安装到电缆托盘上	180	120

2．进线室主体部分宽度的确定

要求进线室侧壁距离上线孔洞中心连线的距离不得小于 200mm。进线室的宽度是由电缆铁架布置的形式、电缆托板的长度、工作走道的宽度及电缆铁架与进线室侧壁之间的距离等因素决定的。进线室的宽度计算公式为：进线室宽度=工作走道宽度+电缆托板长度+电缆铁架与进线室侧壁之间的距离+相背的电缆铁架之间的距离。

进线室电缆铁架布置的形式和机房机械设备的容量、进局管道的位置、终期进局电缆的数量等有关。电缆铁架有单面式和中间式这两种基本形式，并由这两种基本形式组合成其他多种混合形式。表 3-4 列出了一些比较常见的电缆铁架形式。

表 3-4　　　　　　　　　　　　　进线室常见电缆铁架形式

列式	列式说明	列式图示	进线室宽度参考数（单位：mm）
单面式	一排铁架固定在进线室的一面侧墙上		1500
中间式	两排铁架相背固定在进线室的中间（有时也有一排铁架固定在进线室中间的情况）		2900（2300）

续表

列式	列式说明	列式图示	进线室宽度参考数（单位：mm）
双面式	双排铁架相向分别固定在进线室的两面侧墙上		2200
三排式	单面铁架与中间铁架组合		3600
四排式	双面铁架与中间铁架组合		4300
四排式	两组中间铁架组合		5000

　　工作走道的宽度是进线室电缆铁架在安装了电缆托板后，从电缆托板的端头到对面进线室侧壁的距离（单面式或中间式），一般要求为 1m。

　　电缆托板的端头到对面电缆铁架电缆托板端头的距离（双面式），一般要求为 1.2m。

　　电缆铁架立柱不安装电缆托板一面到铁架背面进线室侧壁的距离（单排中间式），一般要求为 0.8～1m。

　　电缆托板一般为标准件，有 3 种程式：单式托板——100mm；双式托板——200mm；三式托板——300mm。

　　电缆铁架与进线室侧壁之间的距离主要是指电缆铁架固定在进线室侧壁上时，铁架立柱到侧壁的距离，一般要求为 200mm。

　　向背的电缆铁架之间的距离主要是指中间式双排铁架的两排铁架之间的距离，一般要求为 200mm。

3．进线室主体部分的高度确定

　　进线室主体部分的高度主要是由电缆铁架的安装高度决定的，而铁架的安装高度应当满足进线室终期进局缆线的敷设需要，以及缆线在敷设安装过程中其曲率半径对高度空间的距离要求。

　　进线室高度 $H = A + B + C + D + E + F$。

　　式中，

　　A——最底层电缆托板到进线室地面的距离，一般要求为 200mm。

　　B——最底层电缆托板到最顶层电缆托板的距离，$B = (n-1)b$，n 为进线室铁架上可安装电缆托板的层数，b 为电缆托板间的距离。

　　C——最顶层电缆托板到下层承托扁钢中心的距离，这一距离应当满足进局电缆的最小曲率半径长度要求，一般为 400～500mm。

　　D——上、下两层承托扁钢中心之间的距离。承托扁钢的作用是固定进局电缆的成端接头，成端接头的长度一般为 500～600mm，因此承托扁钢的中心距离一般为 500mm。

　　E——这是对装有横角钢的电缆铁架的距离要求，指上层承托扁钢中心到横角钢之间的距离，一般为 300～40mm。

F——这也是对装有横角钢的电缆铁架的距离要求，指横角钢到进线室顶楼板之间的距离，同样要求这一距离能够满足最大直径的成端电缆的安装需要，一般为 400mm。

如果是单面铁架或者是中间铁架时，成端上线洞的位置一般都会靠近电缆铁架，因此也就不需要安装横扁钢，此时 E 和 F 两段距离合二为一，其值只需要满足最大直径的成端电缆的曲率半径即可。通常考虑成端电缆为 800 对时此段距离按 700mm 计算。

由上面的情况我们可以发现，在一般情况下，除去 B 值需要根据电缆托板的层数和托板的间距计算之外，其他部分的距离都有比较明确的参考数值，这些数值的总和大约在 1950mm 左右，因此进线室的高度也可以用比较简单的办法求得。

进线室的高度 $H = 1950$（mm） $+ B$（mm）。

如果假定各层托板间的间距为 180mm，那么进线室的高度根据电缆托板的层数不同有如下对应关系，具体见表 3-5。

表 3-5 进线室高度与电缆托板层数的对应关系

电缆托板层数 N	电缆托板安装高度 $B = (N-1) h$（mm）	电缆进线室高度，不小于 H（mm）
8	1260	3200
7	1080	3000
6	900	2900
5	720	2700

如果成端接头按卧式安装在电缆托板上，进线室的高度可以降低 500～600mm。

3.6 机房立面规划

通信局房的垂直空间布局时需要考虑机房内相关设备的高度、电缆桥架安装高度（桥架有侧板时还应考虑侧板高度）、施工及维护空间、空调及送风设备的高度、消防管线高度、梁高等因素。机房的垂直空间一般由地板下净空间、机架高度、机架上方预留区域、上走线架区域、消防区域、空调风管区域组成。照明灯具可复用其中的空间布置布局。一个典型的下送风上走线的机房立面布局如图 3-6 所示。

图 3-6 中的净高为 2.8m，根据《电子信息系统机房设计规范》（GB 50174）的规定：主机房净高应根据机柜高度及通风要求确定，且不宜小于 2.6m。这个高度应从地面或地板到任何障碍物算起，如消防喷头、照明设备或者监视器。机架与消防喷头间的最小距离不得低于 460mm。如有其他特殊工艺，如因采用吊顶回风需要加装吊顶，或者安装有特殊高度的设备时，机房的垂直空间布局应作相应调整。比如对于楼层配电的采用封闭型母线槽输入的电力机房，母线槽与走线架之间容易出现规划上的冲突，且后期不易调整，尤其需要详细的立面规划。

立面布局中的走线空间内，应按照分层设计和强弱电屏蔽的原则，考虑两层或三层走线桥架，分别作为信号线、电源线、光缆光纤的通道，在规划时应注意各层走线桥架的立面安装距离要求。

因为局房的立面规划直接影响所在建筑的层高，机房的垂直空间布局应慎重对待。当面临某些现有空间改做机房时，有时会发现垂直空间不足，可以通过取消活动地板、在合理范围内降低走线架空间（如减少走线架层数）等方法对垂直空间重新布局。需要注意的是，不能过分地压缩立面空间，而使立面空间无法达到设备的安装及维护要求。最终确定无法满足垂直空间布局要求的空间不宜作为通信局房使用。

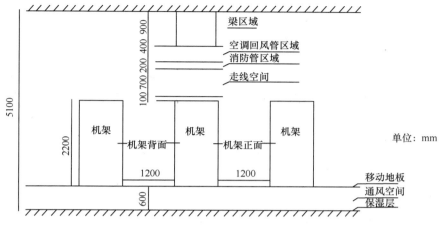

图 3-6　机房立面布局示意图

通信机房的实用面积是有限的，为了能最充分地利用有限的资源，不但要考虑机房平面资源，还要考虑机房的立体空间资源，所以通信机房开始用立体多层的走线方式，这种设计也有利于三线分离（三线：信号线、电源线、光缆光纤）。

3.7　空间区域沟通

通信局房内部或不同的通信局房之间的沟通可称为空间区域沟通，需要通过走线桥架及大量的线缆进行设备之间的连接以达到沟通的目的。走线桥架作为现代通信机房中通信设备必不可少的辅助设备，不但具有支撑全部线缆重量、提供布线以及为设备提供顶部固定支点的功能，而且兼具美化机房的作用。

3.7.1　走线桥架的规划

通信局房内走线桥架的作用，包括支撑线缆、保护线缆和管理线缆。工艺设计阶段应考虑走线桥架的设置方案。一个在工艺设计阶段对走线桥架的设置是在完成机房平面及立面的空间规划后完成的一个重要的步骤。因此，为避免安装设备阶段对其进行整改及返工，应在工艺设计阶段协调多个专业，协调设计方及建设方进行仔细的设计、协调沟通、审核复核。

走线桥架的设置依据是设备的平面及立面规划。在很多的机房内，由于在初期建设时对设备的布局没有远期规划，在设计和施工中为了赶工程进度，造成了今后的设备扩容和运行维护难度。或因初建时设备较少，无法预见今后的发展，造成部分设备布局不合理。另外，机房内部的局间信号或跳线加长、增多，布线困难，跳接光纤过长、过多等，由于市场需求的快速增加，设备机架的数量也大量增加，使得部分机房设备没有可扩容的空间，造成机房平面资源和布线路由资源枯竭；部分在防静电地板下走线的机房，地板下立体空间资源已经用完，都纷纷提出走线进行"下改上"改造的要求，若重新设计布线，进行三线分离的改造，这也是数目不小的投资，这也增加了电信运营商的运营成本，而且在保证在用设备正常运行的情况下进行改造的难度通常很大。

一般情况下，主走线架整体规划、一次安装到位，列走线架可与通信设备同期建设、分步实施，工艺阶段可以暂不考虑。建议走线架本身承重能力不小于 400kg/m。走线架采用吊挂方式安装时，所采用的连接螺栓的保证载荷、膨胀螺钉极限拉力值应能满足上述走线架的承载要求。水平走线架的吊杆间距宜为 1～1.8m（吊杆间距应根据走线架实际宽度、单/双层槽道和机房的实际情况进行灵活调整）。

机房内的走线架宜选择敞开式线架，电力电缆走线架与通信设备机柜顶端间距不宜小于 200mm。

建议机房内直流电源线、交流电源线和传输电缆、光纤分开布放，主走线架和列间走线架采用立体交叉。若线缆数量较少需布放在同一走线架内时，要充分考虑两种线缆的间隔距离；当交流电源线与通信线必须在走线槽道同层布放时，两者间距应大于 50mm；电源线穿金属管或采用铠装线，应保持一定间距。

若机房内光纤使用较多，应单独敷设光纤槽道，主光纤槽道通常下挂在主走线架侧，列光纤槽道可以以 PVC 形式敷设于列信号槽道内。

另外，走线桥架应尽量避开设备之间的维护通道以及空调回风口，以免影响回风效果。

机房立面空间规划中，第一层多为布放电源线和光纤，因为光纤传输信号不受电力磁场的干扰，而且可以在第一层走线架上安装光纤槽道；其他层的走线架可以布放信号电缆，同层同平面上应走同种类型的电缆；但是也有为避开其他线缆而跃层，电缆从第二层跨跃到第三层走线架（槽道）上布线，这样就浪费了走线架上面的空间资源，而且给以后的扩容增加了很大的难度。因此，在一个层面上只布放同类的电缆，这就是同层同线的布线优点。另外，电源线对其他信号电缆有很强的电磁干扰，电源线保护层容易老化，一般将信号线与电力线隔开 150mm 距离。另外要考虑机房的空间资源，就是机房的高度，按照国家行业规范标准，设备按照国际通用标准一般是 2.2m 和 2.6m 两种类型的高度，从第一层走线架（走线槽）到设备顶部，一般预留 200mm 的高度。从第一层走线架往上，按每层走线架以上需要 300～400mm 的空间计算，如果按照三层走线架的规划，距离设备机架顶部的高度 1100mm 是最基本的要求了。

某走线桥架施工完毕的通信机房现场图如图 3-7 所示。

图 3-7　某走线桥架施工完毕的通信机房现场图

3.7.2　走线桥架的形式

在总结完通信局房的设计经验后，我们对机房中多种走线架的形式建议如下。

（1）上走线方式的组合式线槽+梯架

近十年以来在摒弃了地板下走线方式后最常见的机柜顶部走线设计，强弱电线槽分开布置，既避免了占用地板下空间，保证空调系统的送风，又可以快速拆装，灵活布置机柜的位置。

强电线槽系统可实现在机柜顶部布设强电线缆。线槽无需工具即可安装在顶板上，可实现简便安装。弱电线槽板可实现在机柜顶部布设网络线缆。隔板无需工具即可安装在顶板上。

走线梯架用于行间与通道布设强电及弱电线缆，或者布放不同高度之间的连接线缆。

组合式线槽+梯架实例如图 3-8 所示。

图 3-8　组合式线槽+梯架实例

（2）机柜上走线系统：网格式桥架

网格式桥架安装简单，灵活多变，各种角度的折弯、三通、四通、标高变化、变径等都可以在施工现场采用直段桥架直接加工而成，无需定制；高度的灵活性能够轻松应对工程中出现的各种突发变化，特别是用在转弯多、起伏大的复杂安装环境中更显优势。

（3）尾纤槽道

随着信息化社会的高速发展，光纤通信和光纤接入网的发展更加迅猛，光纤走线管理系统越来越成为通信机房必不可少的工具。在国内，随着光纤在通信行业的大规模使用，光纤槽道系统也引起了国内高起点通信运营商的瞩目。光纤槽道是一种布置、管理、保护光纤的管理系统，它提供了一个全面、完整的光纤走线管理方案，利用工程塑料的平滑支撑面和过渡圆弧，使光纤在自然状态下平铺在槽道中，无论在何处需要改变走线方向，都可以通过接头来改变其路径的方向。布线完成后，盖上槽盖，能更加安全地保护光纤、跳纤不受损伤。借助光纤走线槽道，配合光纤配线设备的使用，可以在机房内建立一个完整的光纤传输通道系统。

网格式桥架+尾纤槽道实例如图 3-9 所示。

图 3-9　网格式桥架＋尾纤槽道实例

3.7.3　常见的主要走线桥架

1．铝型材走线桥架

铝型材材质一般为锻铝 LD2，经阳极氧化处理，表面美观、光亮、洁净，具有其他表面处理方法达不到的装饰效果，与整个机房的环境协调；同时，具有很高的耐蚀性能，克服了其他表面处理方法因时效而腐蚀的缺点。铝型材走线架实例如图 3-10 所示。

图 3-10　铝型材走线架实例

铝型材走线架同时还具有如下特点。

① 承载能力强。制作走线架的铝型材需进行强化热处理，通过淬火和时效处理使合金异常强化，获得很高的力学性能和抗拉强度。最大承载能力能达 2.5kN/m。

②　自身重量轻。铝的密度只有钢材的三分之一，对于用来承重的走线架而言，其本身重量的减轻，意味着走线架承重能力的提高，因而，与钢走线架相比，铝型材走线架具有更强的承重优势。在宽度一般为 400～800mm、承载能力为 250kg/m 的条件下，每 10m 铝走线架比钢走线架轻 63.2kg，铝走线架的重量约为钢走线架的 37.8%。

③　比钢走线架更具安全可靠的接地保护性。由于铝型材具有良好的导电性能，可使整个走线架具有可靠的接地保护，端部之间的连接电阻不大于 3.3mΩ（30A 直流电流条件下）。一般的钢走线架表面需要进行喷塑处理，再用螺钉将各部分连接起来，容易影响走线架整体的导电性能，也给接地安全保护带来隐患。

④　便于安装及连接。由于使用通用的连接件，可灵活、方便地根据机房实际情况确定安装方式；在现场还可以及时调整，避免一些不必要的损失。弯通连接处内侧弯曲半径为 300mm。

⑤　可以预留各种紧固件，便于光纤槽道、设备顶固定等的连接，给操作、维护和功能扩展带来很大的便利。

⑥　可方便地组成多层结构，以便于强电、弱电电缆的分别布放，既保证线路清晰，又防止相互间干扰。

2．钢走线桥架

钢走线架中较为常见的是多孔 U 形钢走线桥架和扁钢走线架，结构均为全开放式裸架。主材选用优质钢板表面喷塑，适用于水平、垂直及多层分离布放线的场合。可吊顶安装，地面支撑安装，也可作为爬梯使用。宽度涵盖 200～1000mm。每米平均承重 200kg 以上。扁钢走线架是较早在国内使用的产品，它有造价低、安装简单的特点。多孔 U 形钢走线桥形式较新，既有支撑全部缆线重量的功能，又有布线管理作用，如图 3-11 所示。

图 3-11　多孔 U 形钢走线桥架实例

3．网格式桥架

网格式桥架有别于一般的桥架，是近年来新出现的品种，具有结构简单、美观大方、安装方便等优点。网格式桥架有下列优势。

（1）维护、维修工作简单

机房中经常会增减或变更设备，与此同时就会拆除或增加电缆，而使用开放结构的网格式桥架可以最大限度地观察到电缆，所以很容易辨别需要更换的电缆，使得维护和维修工作变得简单。

（2）灵活简便

网格式桥架可以用于各种安装方式，而且不需要各种特殊定制的部件，如折弯、三通、四通、变径等。这些特殊部件都可以在施工现场采用直段桥架利用简单工具（剪钳）直接做成，可以缩短设计和安装时间。此外，这种新式的结构还可以更好地管控线缆，将来维护和升级的时候也很简便，可大幅度缩短安装时间。

（3）形式美观

由于线缆可见，要求施工时线缆顺序摆放，而且网格式桥架做工精细，更能依照客户要求喷涂成各种颜色，整个系统在安装完毕后显得很生动，打破了以前机房黑色或灰色为主调的沉闷气氛。另外一种流行的做法是采用本色的桥架但使用彩色电缆，由于是开放桥架，因此安装完毕后也十分美观。

（4）强大的承载能力

网格式桥架虽然轻便，但每个焊点能承受 500kg 的张力。在组装过程中避免了焊接点的尖锐端面，不仅能保护线缆，对施工及安装人员也更安全。

（5）经久耐用

网格式桥架有多种表面处理可供选择。其中电镀锌的锌层厚度是 12～18μm，热镀锌的锌层厚度是 60～80μm，且镀层均匀，抗腐蚀性优。对于一些特殊的环境，网格式桥架还可以提供经钝化的 304L 和 316L 高品质不锈钢系列桥架和配件，确实保证产品的经久耐用性。

但是，网格式桥架也存在一些劣势。目前市场上网格式桥架有进口与国产两种，进口网格式桥架供货周期长，价格较普通桥架高，这样就造成了建设工期长、投入资本大。国产网格式桥架为进口网格式桥架的高仿产品，较市场上其他桥架便宜，供货时间短，但通过目前机房使用案例证明，高仿桥架布放较多电力电缆的情况下有变形情况。在实际使用过程中，网格式桥架的供货型号主要为 200～600mm 区间，型号不全。

网格式走线桥架示例如图 3-12 所示。

图 3-12　网格式走线桥架示例

4．走线桥架的选择

作为走线桥架，首先应能满足线缆敷设的要求，同时还应综合考虑投资、供货周期、安装周期等因素。

另外，有些机房对美观性有一定的要求，同时也要给客户营造一个相对舒适的使用环境。网格式或铝型材桥架在整洁、美观等方面的能力比较突出。

有些特殊的功能可能需要特定的桥架，比如有些机房可能有改造、扩容或规划调整的可能。

总之，机房内选择什么样的走线桥架，需要综合多方面的因素，通过比选最终确定。

3.7.4　走线桥架的安装要求

走线桥架安装应符合以下规定。

（1）当直线段钢制桥架长度超过 30m、铝合金制桥架长度超过 15m 时，设有伸缩节，电缆桥架跨越建筑变形缝处设置补偿装置。

（2）电缆桥架应在下列地方设置吊架或支架：① 桥架接头两端 0.5m 处；② 每间距 1.2～3m 处；③ 转弯处；④ 垂直桥架每隔 1.5m 处。

（3）吊架和支架安装保持垂直、整齐、牢固，无歪斜现象。

（4）桥架连接板螺栓固定紧固无遗漏，螺母位于桥架外侧。

（5）缆桥架应敷设在易燃易爆气体管道和热力管道的下方。

（6）金属桥架及其支架全长应不少于 2 处接地或接零。

（7）金属桥架间的连接片两端不少于 2 个有防松螺帽或防松垫圈的连接固定螺栓，并且连接片两端跨接不小于 $4mm^2$ 的铜芯接地线。

（8）桥架安装应符合：桥架左右偏差不大于 50mm；桥架水平度每米偏差不应大于 2mm；桥架垂直度偏差不应大于 3mm。

3.7.5　线缆路由组织

1．路由模式的选择

机房布线的信息点数量多，而且在机房运行过程中，随着计算机和网络设备的增加，会随时要求增加信息点。因此，线缆的路由设计应充分考虑扩展性。在选材上，优先采用金属材料，通过金属管道的良好接地可减少干扰，并提高机房的线路防火等级。同时，采用金属线槽作为路由材料，可充分利用线槽扩展性好、容易增加线缆的特点。对于线槽的布置，一般围绕设备进行布置。在目前机柜使用越来越普遍的情况下，可以考虑和成排的机柜平行布局。一般每排机柜布置一条线槽，也可以两排相邻机柜中间走道上共用一条线槽，前一种模式更为理想一些。

2．机房布线要点

机房布线是整个布线工程中最复杂的，因为一般的机房中都会有成百上千条电缆，其中包括电源线和网线，在大型的网络中，还可能有上万条，甚至几十万条电缆。作为网管维护人员，当网络出了问题时，不得不经常在这成堆的电缆中寻找答案。这就要求在布线之初就养成良好的工作习惯，其中包括各种设备摆放整齐，将各种电缆整齐、有序地分类扎好，并做好标识。

机房的重要之处不仅是因为其中的各种电缆多，更重要的是它是整个网络系统的"神经中枢"，只要其中一个设备，甚至一个端口工作不正常，就有可能导致整个网络，或者一大片用户不能正常进行网络连接或应用。

有关机房布线方面，要着重注意以下几个要点。

机房位置选择要适当。机房位置的选取非常重要，这要考虑到多方面的因素，如安全性、周围环境，以及它与各工作区的距离。由于机房中的设备通常是大功率的，它所散发的热量非常大，因此要求机房应有良好的通风效果，但又不宜在有阳光直射的地方，还要防止雨淋、潮湿、鼠咬等危害。另外一个重要方面就是与各工作区的距离。如果楼层比较多（5 层或以上），则最好选择建筑物的中间楼层的房间作为机房，这样一来，连接的各楼层距离都可能不超过规定的双绞线 100m 限制。如果楼层较少（4 层或以下），则建议在底层部署机房，这对规定的双绞线的布线非常有好处，但要做好适当的防潮工作。

另外，应注意机房内光缆双路由。由于传送网的安全性越来越重要，在线缆路由组织时，应注意成环光缆的双路由。在规划传输设备组网时应考虑将完全不同路由的光缆成环。对于重要的环形系统使用的光缆，在局前井、进局管道也要避免同路由，在必要及条件允许时可以考虑三路由。

3. 布线方式

机房内的布线方式目前比较常见的大致可分为吊挂式布线、吊顶内布线和地板下布线 3 种。

吊挂式布线（也称上走线）：该布线方式特别适合于经常需要布线的机房，目前也较为流行，此方式中吊顶内包含了各种布线电源、弱电布线，在每个机柜上方开凿相应的穿线孔，当然也要注意漏水、鼠害和散热。

吊顶内布线：通常用于机房外部的强电和弱电走线，吊顶内可能还同时安装着消防灭火的气体管路及新风系统风管。在吊顶面层上还可能需要安装嵌入式灯具、风口、消防报警探测器、气体灭火喷头。因此吊顶内布线需要事先进行吊顶内的空间规划，且不宜布放经常需要布线和维护的线缆。

地板下布线（也称下走线）：这是一种早年最常见的布线方式，它充分利用了地板下的空间，但要注意地板下漏水、鼠害和散热，还应保证在每个机柜下方开凿相应的穿线孔（包括地板和线槽）。地板下也可以布置综合布线、消防管线等以及其他一些电气设施（插座、插座箱等）。如果线槽布置在活动地板下且地板的高度不足，将对有精密空调的区域造成很大的送风阻力，实践表明，这是影响空调效果的主要原因。除非能保证活动地板下有足够的空间不影响空调送风效果，否则不建议使用地板下布线的方式。

图 3-13 为某个地板高度不足的下走线机房的现场图。

4. 布线内容

机房内具体布线的内容包括：强电布线、弱电布线和接地布线，其中强电布线和弱电布线均放在金属布线槽内，具体的金属布线槽尺寸寸可根据线量的多少并考虑留有一定的余量（一般为 100mm×50mm 或 50mm×50mm）。强电线槽和弱电线槽之间的距离应在 200mm 以上，相互之间不能穿越，以防止相互之间的电磁干扰。

图 3-13　某下走线机房现场图

强电布线：在新机房装修进行强电布线时，应根据整个机房的布局和 UPS 的容量来安排，在规划中的每个机柜和设备附近安排相应的电源插座，插座的容量应根据接入设备的功率来定，并留有一定的冗余，插座的容量应根据接入设备的功率来定，一般为 10A 或 15A。电源的线缆直径应根据电源插座的容量并留有一定的余量来选购。

弱电布线：弱电布线中主要包括同轴电缆、超五类等双绞线和尾纤等，布线时应注意每个机柜、设备后面都有相应的线缆，并应考虑以后的发展需要，各种线缆应分门别类用扎带扎好。弱电布线时，为了保证传输的速率和网络的稳定，还应该注意以下几点：如果在两个端点间有多余的线缆，应该按照需要的长度将其剪断或者将其卷起并捆绑起来。线缆的接头处反缠绕开的线段的距离不应超过 20mm，过长会引起较大的近端串扰。在接头处，线缆的外保护层需要压在接头内而不能在接头外。虽然在线缆受到外界拉力时整个线缆均会受力，但若外保护层压在接头外，则受力的将主要是线缆和接头连接的金属部分。由于六类线缆比一般的五类线粗，为了避免线缆的缠绕（特别是在弯头处），管线设计时一定要注意管径的填充度，一般内径 20mm 的线管以放 2 根六类线为宜。

接地布线：接地是消除公共阻抗，防止电容耦合干扰，保护设备和人员的安全，保证计算机系统稳定可靠运行的重要措施。在机房地板下应布置信号接地用的铜排，以供机房内各种接地需要，铜排再以专线方式接入该处的弱电信号接地系统。

3.7.6　楼层间互通

规划楼层间互通以及设置相应的上线井、楼板洞等是工艺阶段一项非常重要的工作，往往土建施工完毕后再进行改动，不仅需要较高的费用，而且需要通过建筑及结构的核算，若通信设备运行后再改动，则难度更大甚至无法进行改动。

由于上线井、楼板洞通常处于机房的外围，空间有限，且涉及多个专业，因此需要相关专业协调沟通后确定上线井、楼板洞的位置。同时，上线井、楼板洞的位置和尺寸还需要同大楼的建筑和结构专业进行复核。

上线井、楼板洞的大小和位置，应根据机房的平面规划，参考机房类型、设备类型以及连接管线、桥架、线缆的规格、数量等因素确定，应保证满足远期需求，但不应盲目追求过多、过大。

具体规划时，每个上线井、楼板洞都应进行编号并明确尺寸及功能。而且除特殊原因外，上线井、楼板洞自下而上，上下左右都应保证对齐。

所有上线竖井内需预埋铁件，用于安装上线铁架。上线竖井和楼板洞应参照《通信机房防火封堵安全技术要求》的要求采用防火堵料进行防火封堵分隔，电缆上线井应防火，设防火门且密闭可开启。至楼顶的孔洞应有雨篷，以防漏水。

另外，上线竖井和楼板洞的设置还需要考虑设备的安全因素，如各种给（排）水管道不得穿越通信设备机房。还应根据不同的情况采取防水、防火、防潮、防虫等措施。

第4章
电源、接地及监控系统

通信局房内的电源系统是为各种通信设备及其配套设备提供用电的设备和系统的总称，通常可分为交流电源供电系统和直流供电系统。一个通信局房电源系统的规划、设计、配置是否优秀，可以从可扩展、可管理、便于维护、节能环保等多个方面进行判断，但是最基本的要求是：为各通信设备及其配套设备提供安全、稳定、可靠、不间断的供电保障。

为了达到通信局房电源系统的总体要求，工艺设计阶段需要完成的主要工作有：通过确定电源系统容量，合理规划电源系统，规划规范、合理的防雷与接地系统，确定完善的机房监控系统及能耗监测系统方案。

4.1　电源系统容量的确定

对于新建通信局房，确定电源系统容量是通信局房工艺规划及设计中必不可少且非常重要的一个环节，往往也是难度最大的环节。

工艺阶段确定通信局房电源系统容量的重要性体现在以下几个方面。

（1）不仅是通信局房安装的设备类型及规模影响电力机房（或电力电池区）内设备的类型和规模，由于通信局房的总使用面积是一定的，电力机房（或电力电池区）的面积反过来也会影响通信局房的面积。

（2）通信系统的电源容量还影响大楼管井的设置。较大的电源容量还会影响楼层供电的方式，比如是否采用母线方式输送市电到各楼层，或者为了减少低压电力电缆而将变压器设置在各楼层。

（3）由于通信局房的用电多数为保证用电且通常用电容量较大，因此通信局房的耗电量不仅影响所在大楼的总用电容量，而且还对后备发电机的容量选择起着决定性的影响，从而影响高低压配电室、发电机房等众多配套机房的占用面积和设备配置，还会影响包括发电机基础、发电机房进/排风室、电力机房承重区加固等相关的建筑设计。

对于大型通信局房，尤其是大型数据中心机房，电源系统容量还会受到市电供电、制冷能力和机房空间等因素的制约，再加上业务发展往往无法进行准确的预测，因此确定大型通信局房，尤其是大型数据中心机房的电源系统容量尤其困难。

准确预测通信局房电源系统容量的前提有两个：一是明确通信局房的功用和设备性质，二是选择合适的用电容量预测方法。

1．明确通信局房的功用和设备性质

因为通信局房电源系统的容量与各相关通信局房的设备空间布置、客户业务的发展和通信局房的功用等多种因素密切相关，尤其是通信局房的功用，比如交换机房和数据中心机房，在用电容量上的差异是非常大的，有很多实际的案例，都是在没有前期规划或者后期无法预测的情况下，导致机房的功用发生变化而导致电源系统容量不足，因而需要进行市电扩容及配电系统改造。

2．选择合适的用电容量预测方法

经过多年的实践摸索，在明确各通信局房的功用、大致进行通信局房的平面规划及通信设备的平面布置的前提下，通常可以采用以下两种方法确定通信局房的电源系统容量。

（1）通过单位机架功耗进行估算

对于有源的通信设备，大体上可分为交换机架、普通数据机架、传输机架，其单位机架功耗可以分别按照2kW/架、2.5kW/架、1kW/架，各自乘以机架数量后，得到通信设备的总功耗。

以下是某通信枢纽楼按单位机架功耗进行估算的表格示例，见表4-1。

表4-1　　　　　某通信枢纽楼通信设备功耗估算表（按单位机架功耗）

机房		单架功耗（kW）	供电方式	模拟尺寸（$W \times D$，单位：mm）	新增数量	小计（kW）
三层机房	交换设备	2	直流	600×800	47	94
	BSC设备	2	直流	600×800	12	24
	RNC设备	2	直流	600×800	16	32
	数据机架	2.5	交流	600×1000	9	22.5
	传输设备	1	直流	600×600	13	13
	小计1（直流）					163
	小计2（交流）					22.5
	合计1					185.5
四层机房	直流数据机架	2.5	直流	600×1000	32	80
	交流数据机架	2.5	交流	600×1000	16	40
	传输设备	1	直流	600×600	65	65
	小计1（直流）					145
	小计2（交流）					40
	合计2					185
五层机房	直流数据机架	2.5	直流	600×1000	30	75
	交流数据机架	2.5	交流	600×1000	14	35
	传输设备	1	直流	600×600	5	5
	小计1（直流）					80
	小计2（交流）					35
	合计3					115
总计						485.5

（2）通过单位面积功耗进行估算

以下是实测的 2010 年西北某省通信运营商通信局房在省会和非省会地市的通信局房，以及 2009 年南方某省通信运营商全省通信局房的单位面积功耗表，见表 4-2。

表 4-2　　　　　　　　　　　　实测通信局房功率密度表

项　目	交换区	数据区	传输区
北方某省会通信局房功率密度（kW/m²）	0.51	0.53	0.23
北方某省非省会地市通信局房功率密度（kW/m²）	0.55	0.56	0.39
南方某省全省通信局房功率密度（kW/m²）	0.52	0.53	0.43

对于有源的通信设备，大体上可分为交换区、普通数据区、传输区，其单位机架功耗可以分别按 0.55kW/m²、0.6kW/m²、0.4kW/m²，各通信局房也可以根据自身设备的特点进行功率密度取值，然后将各区的功率密度乘以区域面积后（这个区域面积包括机房内所有的面积，包括走道及空调设备区），得到通信设备的总功耗。相较于"通过单位机架功耗进行估算"的方法，此方法不需要进行设备机架的布置，大体确定各类设备的区域即可。

以下估算表为表 4-1 列举的同一个通信枢纽楼的按单位面积功耗进行估算的功耗表，见表 4-3。

表 4-3　　　　　　某通信枢纽楼通信设备功耗估算表（按单位面积功耗）

楼层	设备区	面积（m²）	单位面积平均功率（kW/m²）	总功耗（kW）
三层	交换区	118	0.5	94.4
	数据区	13	1.2	15.6
	传输区	82	0.4	32.8
	合计 1			142.8
四层	交换区	0	0.5	0
	数据区	80	1.2	96
	传输区	135	0.4	54
	合计 2			150
五层	交换区	0	0.5	0
	数据区	160	1.2	192
	传输区	45	0.4	18
	合计 3			210
总计				467.4

对比表 4-3 与表 4-1 的估算值发现，两者的差别并不大，根据实际设计经验也可以得到相同的结论。实际估算时，可以按照两种估算法都估算一遍，然后进行比对。如果实际估算中发现两种估算值差别较大，则可以通过检查发现问题并进行调整。

对于大型数据中心，设备功耗往往大于普通数据设备，而且由于设备类型众多，且功耗往往差别较大，有些设备功耗类似于普通数据机房。通常机柜额定功率大于 10kW，有些设备功耗非常大，目前国内甚至出现有单架功耗为 50kW 的机架，因此按照上述两种方法很难预测。对于大型数据中心，我们还需要通过其承载的业务来辅助判断功耗估算是否准确。数据中心承载业务通常体现在用户类型和机房的重要级别，机房是托管的、自用的还是备份容灾的？是集团公司级别的、省级的还是地市级别的？工艺阶段可以参考承载相似用户类型和重要级别的机房进行对比，作为电源系统容量预测的参考。

通信设备的体积不断缩小，设备集成度和处理能力不断提高。相应地，单位机架功耗和单位面积功耗不断提高。根据往年的数据统计，通信设备的单位面积的平均功耗以每年约3%的速率上升。另外，通信系统中有源设备和无源设备的占比也会影响到电源系统容量的估算，比如数字配线架越来越少，导致通信系统中有源设备占比逐渐提高，从而通信机房功率密度不断提高。因此，随着高功率密度设备的新建或替换以及无源设备的减少，早期的用电容量越来越"不经用"，越来越多的局房让人发出诸如"之前的用电估少了""机房空间还有，电没了"的感叹。由此可见，在确定电源系统容量的时候也应考虑通信设备的发展，保证必要的余量。

参考上述方法，可以得到通信局房的设备功耗。机房专用空调的电功耗通常按照通信生产设备功耗的40%～70%估列（具体比例与是否采用节能措施相关）。然后再加上各楼层估算的通信电源后备蓄电池组的充电功耗以及所在建筑的其他保证用电的负荷（其他保证用电负荷较小时，在估算中可以忽略不计），可以确定油机发电机的容量，再加上非保证用电负荷，就可以确定变压器的总容量。

对于扩容通信局房，电源系统容量通常依据现有通信设备的电源系统容量、扩容空间内安装设备的性质及可扩容空间确定。

在实际电源容量规划中还应注意市电的容量限制，各级电压线路由于受制于线路种类和供电距离，送电容量也是不同的，具体见表4-4（来源：《工业与民用配电设计手册》）。

表4-4　　　　　　　　各级市电电压线路与供电距离、送电容量之间的关系

标称电压（kV）	线路种类	送电容量（MW）	供电距离（km）
6	架空线	0.1～1.2	4～15
6	电缆	3	3 以下
10	架空线	0.2～2	6～20
10	电缆	5	6 以下
35	架空线	2～8	20～50
35	电缆	15	20 以下

4.2　电源系统的规划要点

通信局房的电源系统为动力、照明、空调各类系统提供电源，其安全性和可靠性是供电所追求的目标。设置有多个楼层、多个通信局房的通信大楼，更应从长远角度对供电系统进行规划和建设，避免前期考虑不足，引起设备较多的情况下对供电系统进行改造所带来的风险。可以采取"统一规划、分步实施"的方式，避免早期配置过大容量的电源系统而造成浪费。

4.2.1　系统关联性

通信电源系统由交流供电系统、直流供电系统和相应的接地系统构成。交流供电系统包

括市电（主用交流电源）、备用发电机组（备用交流电源）、变电站（包括高压开关柜、电力
降压变压器等）、低压配电屏（含市电油机转换屏）、各级交流配电屏、交流不间断电源设备
（包括 UPS 系统等设备）、直流不间断电源（包括开关电源系统等设备）、各级换流及配电单
元 。通常通信局房的电源系统如图 4-1 所示。

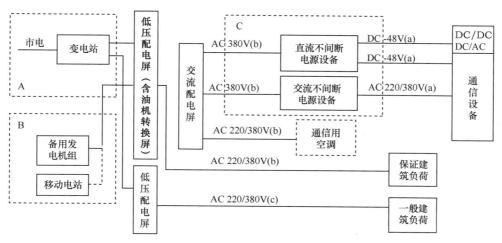

（A）不间断　（B）可短时间中断　（C）允许中断

图 4-1　通信局房电源系统组成方框图

通信电源系统的关联性体现在可靠性关联和容量关联两个方面：一方面，通信电源系统
的设备多、分布广，不仅单个电源设备的可靠性会影响系统的可靠性，电源系统的总体结构
也会对自身的可靠性造成很大的影响；另一方面，电源系统存在上下游对应关系，可分为
市电引入、高压配电、变压器、低配系统与备用发电机、楼层配电、UPS 系统或开关电源
系统 6 个环节，这 6 个环节中任何一个串联环节或细微环节的容量都关系到末端配电的实
际容量。

4.2.2　供电系统可靠度

供电系统可靠度由低至高可分为单电源单母线、双电源单母线及双电源双母线系统，这
3 种母线接线形式如图 4-2 所示。

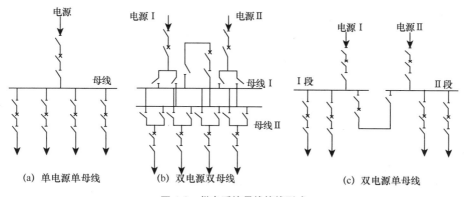

(a) 单电源单母线　　　(b) 双电源双母线　　　(c) 双电源单母线

图 4-2　供电系统母线接线形式

对于特别重要的负荷，建议采用双电源、双回路、放射式配电，两路电源在末端配电装置自动转换。建筑设备中，消防系统设备及其他防灾设备同属特别重要负荷，它们的配电应自成体系，也应采用双电源、双路配电，两路电源在末端配电装置自动转换。通信局房保证照明也属特别重要负荷，应采用双电源、双回路配电，两路电源在末端配电装置自动转换，可采用放射式或分区树干式配电；其他的一级负荷及二级负荷设备，宜采用放射式或分区树干式配电。

要保证全网通信的安全可靠性就必须在电源设备的设计、选购、施工、验收、维护中紧紧围绕安全可靠性这一关键课题，树立安全可靠性是通信网络生命线的思想，为提高系统可靠性而做好各项专业工作。

对于已使用数年的机楼，其机房电源设备已使用多年，各期工程施工人员水平差异以及维护人员的变动，都有可能会造成机房内存在各类隐藏的问题，其安全可靠性及可扩展性会随着使用时间的增加而降低。若这些问题不能及时地被发现并得以解决，则必然会影响今后的正常生产活动。

对于即将投入使用的新机楼的建设，更是要继承已使用机楼的各方面优点，弥补不足之处，以利于今后的设备安装工程的建设。

4.2.3 适度超前建设

通信大楼的电源系统为整个生产楼供电，网络建设具有建设周期，不断有新增功耗的需求，如果采取零星配套方式进行建设，显然是跟不上网络发展节奏的。因此，正确的方式是根据远期功耗需求预留相应设备的安装位置、可扩展接口，进行规划一步到位、工程分期适度超前建设的方式。只有这样，才不会出现滞后于网络建设发展的问题。

4.2.4 影响电源系统规划的几个因素

影响电源系统规划的几个因素如下。

首先是确定设备用电容量，之前 4.1 节已有描述。

其次是确定设备用电可靠度要求。通常设备用电的高可靠度是通过电源设备或系统的冗余达到的。

还有就是建设方关于通信及电源设备的维护管理办法，如多少个通信网元需要配置一套电源，每套电源负载率的上限要求等等。

4.2.5 高压供电系统的运行方式

通信局房的高压供电系统通常采用如下两种运行方式。

（1）两路高压市电供电的通信局房，一路作为主用，另一路作为备用电源。主、备用电源的切换有如下 3 种方式。

① 备用电源自投，主用电源自复。

② 两路电源互为主备用。

③ 当主用电源停电后，备用电源自动投入运行。当主用电源恢复正常时，手动切除备用电源后，主用电源再投入运行。

（2）两路高压市电采用分段供电的运行方式，两路市电正常运行时，同时给负载供电。

这种运行方式的特点主要是通信局房用电需求容量较大，且受市电供电变电站或现有高压供电线路容量的限制。一次高压供电系统接线有如下两种形式。

① 高压供电系统一次接线中两路市电电源间设有母联开关。

② 低压供电系统的两路市电供电的变压器间设有母联开关。

4.2.6　变压器的选择

1. 变压器联结方式与形式选择

通信局站的变压器形式较多，如果按冷却方式分类，常见的有：

（1）油浸变压器（依靠油作冷却介质），包括油浸自冷式、油浸风冷式、油浸水冷式、强制循环冷却式；

（2）干式变压器（依靠空气对流进行冷却），如图 4-3 所示。

一般干式变压器应在额定容量下运行，油浸变压器过载能力较好，干式变压器的价格也高于同容量的油浸变压器。但是，由于油浸变压器需要配置单独的变压器或设置在室外，且对消防的要求较高，现在大多数通信局房都配置干式变压器。

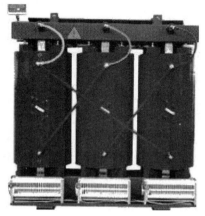

图 4-3　干式变压器外观图

2. 变压器的容量选择

首先应满足用电设备正常运行时的需要，同时考虑其过负荷能力，力求达到经济、合理的运行方式，从而使电能损耗降到最小，运行费用降到最低。正常运行时，变压器所带负载应为额定负载的 80% 左右为宜。当配置两台或多台变压器时，若有一台出现故障，则其余的变压器应保证全局负荷供电。

考虑到一些设备（如空调和采暖设备）不同季节功耗不同，变压器应按局站最大的负荷考虑。

3. 变压器的数量选择

对于负荷较小的通信局房，可配置一台变压器；对于大中型通信局房，均配置两台或多台变压器。

根据新建局房楼的建筑面积及用电负荷的计算，选用一台或两台变压器经常满足不了全局供电的需要。地方供电部门为限制短路电流，对单台变压器的容量通常不允许大于 1000kVA、1600kVA、2000kVA 不等，为此局内变电所就必须采用多台变压器分段供电。

对于配置有载调压变压器的变电所，有载调压变压器台数的选择应考虑有一台备用。因有载调压变压器极少是当地货源，一旦出现故障，检修周期较长，会影响设备的安全可靠供电。

4.2.7　后备油机发电系统

1. 后备油机的典型方案

通信设备所需的交流电源宜利用市电作为主用电源。根据通信局房所在地区的市电供电条件、线路引入方式及运行状态，将市电分为如下 4 类，见表 4-5。

表 4-5　　　　　　　　　　　通信局房市电可靠性分类及指标表

市电类别	引入电源	每月停电次数	每月停电时间
一类市电	两个稳定可靠的独立电源，两路电不同时检修	不大于 1 次	不大于 0.5 小时
二类市电	一路稳定可靠的独立电源	不大于 3.5 次	不大于 6 小时
三类市电	一个电源	不大于 4.5 次	不大于 8 小时
四类市电	一个电源，供电无保障	长时间或季节性停电	

通信局站应具备一类市电或二类市电条件。相应地，一类市电供电的通信局房，应配置一台固定备用发电机组，当枢纽楼的低压配电系统超过 2 套时，固定备用发电机组可采用 N+1 方式配置。二类市电供电条件下，应配置主备份固定发电机组，即备用固定发电机组按 1+1 方式配置。较为常见的配置方式是一个通信局房配置一个变电所及一台或两台备用发电机。对于较大规模的通信局房，可以配置若干个变电所及各自的配套备用发电机。

根据配置备用机组数量的不同，其典型方案有以下 3 种：

（1）当配置一台大容量机组时，由该台机组供全局保证用电负荷；

（2）当配置两台机组时，两台机组采用分段运行方式；

（3）当配置两台机组时，两台机组采用并联运行方式。

某个有柴油发电机组后备电保证的低压供电系统如图 4-4 所示。

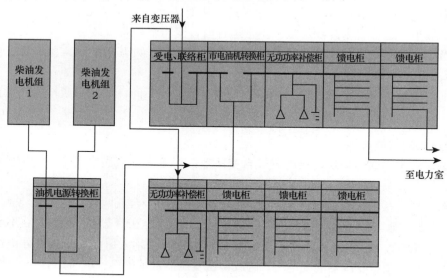

图 4-4　有油机电保证的低压供电系统简图

2. 后备油机的容量

发电机组容量应按所对应低配系统的容量和该系统承载的保证负荷容量来确定。由于发电机组的额定功率是指柴油发电机组的基本功率，在这种情况下，发电机组在 24 小时内允许的平均输出功率应不大于其基本功率的某个比例，以保证在负载峰值功率冲击下，柴油机不得熄火停转，而应使所拖动的发电机把负载电动机启动起来，也就是柴油机的功率必须大于负荷的峰值功率。同时，发电机组容量应考虑诸如机房的进排风、排烟、高温环境、海拔高度以及所带非线性负载的谐波等因素对其功率的影响，考虑适当的冗余。一般油机的输出功率选择在设备总负载的 65%以上。而且对于非线性负载，两冲程柴油发电机组的带载能力优于四冲程柴油发电机组。

3．后备油机的选型

考虑到机房专用定频空调为感性负载，空调电机启动电流较大，因此通常采用 PMG 励磁方式的发电机。

对于新建备用发电机组，单机容量在 2000kW 及以下，优先考虑采用柴油发电机组。虽然燃气轮机组设备费、油耗及维护保养要求均较高，但是填补了柴油发电机组在 2000kW 以上大功率段的空白，且体积相对较小，因此对单机容量超过 1600kW 以上的发电机组，可以考虑采用燃气轮发电机组。燃气轮发电机组如图 4-5 所示。

对于改造或扩容项目，在满足机房条件而柴油机组不能的情况下，也可选用燃气轮机组。从工艺角度，虽然燃气轮机组的降噪费用较小且油机基础要求较低，但需注意燃气轮机组的排气要求较高，需要设置专门的耐高温烟道。

当场地空间有限无法新建专用油机房时，可以考虑采用方仓式油机机组，也就是将机组整装在固定的金属箱体内，经过特殊设计和降噪处理的金属箱体替代了传统的机房，在安装时免去了相应的土建工作，机组连同箱体运输到位后可快速投入使用。小容量油机可安装在改造后的标准集装箱内，更大容量的油机可以根据发电机组的使用要求确定箱体的外形尺寸，或者可以做成由多个箱体组装，运输时拆开，到使用现场再把多个箱体进行组装。对于高寒地带使用的方仓，可以做成保温型方仓。方仓式油机发电机组如图 4-6 所示。

图 4-5　燃气轮发电机组外观图　　　　　　图 4-6　方仓式油机发电机组外观图

一些通信局房楼（比如数据中心）的保证用电量非常大，对于作为后备电源的油机发电系统的容量要求也非常大。而且在某些情况下，比如分楼层设置低配系统或油机房在大楼主体之外时，后备油机和低压配电系统之间距离较远，这种情况下可以考虑采用 10kV 高压机组，由于动力传输的材料费用和功率损失可以达到最小，高压机组相对传统低压油机发电机优势较突出。

低压柴油发电机、10kV 高压柴油发电机以及燃气轮机发电机的简单对比见表 4-6。

表 4-6 通信局房后备发电机分析比较

种类	优点	缺点	应用场景
低压柴油发电机	（1）设备性能稳定、技术成熟； （2）采购渠道广，客户接受度高； （3）价格最低，经济效益明显； （4）建设和维护方便	（1）主流机型最大容量为 2500kW，较燃气轮机容量范围稍窄； （2）受限于铜排载流量，无法实现多台大容量机组并机运行； （3）使用大量低压电缆，线路损耗大	适合普通通信局房
10kV 高压柴油发电机	（1）电压等级高，易实现多台大容量机组并机运行；使用高压电缆，线路损耗小； （2）设备性能稳定，技术较成熟； （3）采购渠道相对较广，以国际/国内主流品牌为主； （4）维护较方便，人员需具备相关资质能力；	（1）主流机型最大容量为 2500kW，较燃气轮机容量范围稍窄； （2）价格较低压柴油发电机略高； （3）易受当地供电部门制约	（1）适合大型通信局房使用； （2）宜用于变压器上楼层，距油机房距离远的场景； （3）宜用于配置 10kV 冷水机组的通信局房
燃气轮机发电机	（1）有较高的功率/重量比和功率/体积比，与同功率柴油发电机相比，体积小、重量轻； （2）较柴油发电机润滑油消耗少； （3）振幅小，动态荷重只有静态荷重的 1.1 倍； （4）日常维护简单； （5）工作可靠，使用寿命长； （6）单机容量范围广，集中供电	（1）价格较 10kV 高压柴油发电机高，同功率比较，是高压油机的 1.5～2 倍； （2）单位功率耗油量略大； （3）进风进气量较柴油发电机大； （4）空间布局较传统油机房面积大； （5）采购渠道有限，大容量机组国外品牌优势明显； （6）黑启动时需另配发电机作为马达启动电源	（1）适合大型通信局房使用； （2）高压燃气轮机适用场景类似于 10kV 柴油发电机

4.2.8 低压配电设备的选择

通信局房通常设有成套低压配电设备，其数量、规模是根据通信局房的建设规模、所配置的变压器数量、用电设备的供电分路要求及预计远期的发展规模而确定的。

低压配电设备包括如下几种：成套低压配电屏及无功功率补偿电容器屏、通信交流配电屏、发电机组控制屏、油机电源转换屏及电力稳压设备。其中，成套低压配电屏由受电屏、馈电屏（动力、照明等）、联络屏、自动切换屏等组成。应根据工艺的馈电分路及分路容量要求、计费要求、系统操作的运行方式的要求进行低压配电设备的选择。低压配电设备通常有两种结构形式：一种是固定式，另一种是抽屉式，可根据需要进行选择。

固定式低压柜的主要优点是通风散热条件较好，造价较低廉。但是，由于同一柜体中安装多个回路和多个隔离开关（抽出式断路器无隔离开关），一个回路的故障往往会影响其他回路；如果柜内只有一个隔离开关，在维修一条回路时往往会影响整个低压柜的工作。

图 4-7　抽屉式低压配电屏面板图

相对而言，抽屉式低压柜的最大优点是各回路之间不会相互影响，可随时更换抽屉，而且一个回路的故障不会波及另一个回路。由于布置较紧凑，每台低压柜可以布置较多的出线回路。对于相同数量的回路，抽屉式低压柜的数量较少，占地面积也较小。但是，抽屉式也有缺点，即通风散热条件不良，柜内温度高，且造价较高。抽屉式低压配电屏面板如图 4-7 所示。

4.2.9　低压交流供电系统的自动切换

低压交流供电系统的自动切换包括两部分，即两路市电电源在低压供电系统上的切换及市电与备用发电机组供电系统的切换。

1. 市电电源的切换

通信局房在低压交流供电系统中两路市电电源的切换通常有如下两种类型。

（1）两路市电在高压侧采用分段运行方式时（在高压供电线路及变电站容量受限的情况下），在低压侧两路市电配电母线间设有母联开关。当其中一路市电电源检修或故障停电时，两路市电在低压侧通过低压母联开关进行联络以确保通信负荷的用电（此时的保证供电负荷应不超过每路市电电源的供电容量）。

（2）变压器故障时的低压系统供电电源的切换。配置多台变压器的低压供电系统，每台变压器的低压配电系统间设有母线联络断路器，当其中任一台变压器发生故障时，通过母联开关来保证故障变压器原所带负载的供电。

两路市电电源在低压供电系统上的切换是根据通信局房建设规模的大小而采用不同的切换方式。但无论采用何种切换方式，两路电源切换的开关间均应具有机械和电气连锁功能，以确保设备、供电及人身的安全。

2. 市电与备用发电机组供电系统的切换

市电与备用发电机组电源的切换可以在发电机房或电力机房的交流配电屏上进行，也可以在低压配电室或电力机房的总交流配电屏上进行。

在通信局房中，其市电供电电源和备用电源的切换多数是在低压配电室相关配电屏上进行人工或自动切换。采用这种切换方式后，至通信楼各相关楼层的电力室的交流供电电源还有如下两种配电方式。

（1）从低配的两段不同母线上各引一路电源至各电力室交流屏的两路引入电源的进线端。

（2）通信负载的保证供电电源，其市电供电电源与备用电源的切换在各相关楼层的电力室交流配电屏上进行人工或自动切换。

两种配电方式简图如图 4-8 所示。

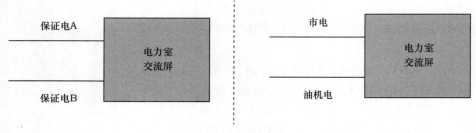

图4-8 配电方式

4.2.10 集中或分散供电方式

对于直流电源，集中供电方式就是将所有的直流电源设备放置在一个电力机房中，所有的直流通信设备均从电力机房的直流屏取电的供电方式。直流电源的集中供电方式具有便于维护和管理的优点，但是缺点也非常明显，具体如下。

（1）供电设备集中，体积大，重量重，因而电力机房和电池室只能建在机房所在建筑的底层，土建工程大。

（2）由于负载集中，若出现局部故障，则会影响到全局。

（3）电力机房至机房的馈电线截面积很大，且随着不断扩容而不断增大，容易造成布线的困难，也消耗太多的铜材，且线路压降大，电费浪费大。

（4）集中供电点附近的线缆过于密集，走线架压力大，而且需要设置数量较多且面积较大的穿楼层孔洞，维护和割接工作困难，中后期布放线缆尤其困难。

（5）集中供电系统需按终期容量进行设计。在机房使用的初期，电源设备的容量搁置待用或轻载运行，运行效率低下。在机房使用后期，往往会发生设计时的容量无法满足通信设备需要，需要改建机房及其他相关配套基础设施的情况，造成很大的浪费。

国内采用的直流电源的分散供电方式属于半分散供电方式，即直流电源设备安装在通信局房内或附近的独立机房内，然后向通信设备供电的方式。美国和澳大利亚也有采用全分散供电方式的，即每列通信设备均单独配置一套直流电源系统。由于直流电源分散供电方式可以避免集中供电方式的诸多缺点，因此在直流电源系统中，集中供电系统正逐步被分散供电体制所取代。

对于交流供电系统，即便许多传统的UPS系统开始被模块式UPS系统或者高压直流供电系统所取代，交流供电系统还是以集中供电方式为主。国内通信局房主流的交流供电系统采用设备$N+1$的冗余方式，N多数为1，一般不大于2。另一方面，通过提高"N"的数值可以提高系统效率，在笔者接触的一些国内外数据中心的实际案例中，大型UPS的并机数量可以达到6台甚至更多。另外，通过双总线的方式有效避免了单母线故障可能造成全局故障的问题。

4.2.11 通信设备供电系统

通信局房内最常见、技术也最为成熟的供电系统是48V开关电源系统和UPS系统。另外，出于节能的考虑，还有其他很多类型的供电系统，此部分内容详见第6章"绿色通信局房工艺"。

1. 48V 开关电源系统

对于直流设备，宜采用分散供电方式，在条件允许的情况下应尽量将开关电源系统分楼层设置，或者同楼层内分区域设置。

48V 开关电源系统的容量应根据每套系统配置蓄电池组的容量和所带负载的容量确定，为了降低因开关电源系统故障导致大面积停电事故，每套开关电源所带负载不宜过大，所带的系统也不宜过多。

配置 48V 开关电源系统时还应考虑维护部门对每套电源容量使用上限的规定。

2. UPS 系统

对于不间断交流供电设备规模较小的通信局房，UPS 系统可采用集中供电方式，将各机房所需的交流电跨楼层、跨区域供电；对于不间断交流供电设备规模较大的通信局房，UPS 系统应根据所供电设备的负荷大小以及供电保证度要求的不同分区域设置。运行中的大容量 UPS 系统现场图如图 4-9 所示。

图 4-9　运行中的大容量 UPS 系统现场图

单系统 UPS 宜采用 $N+1$ 功率均分运行方式，正常工作时，$N+1$ 台 UPS 同时提供负载电流，当其中一台出现故障时，由剩下的 N 台 UPS 承担全部负载。因此，$N+1$ 冗余供电系统能承受的总负载为 N 台 UPS 容量之和。

单系统 UPS 主机容量不宜超过 300kVA，且单套 UPS 系统的使用容量不宜超过其总容量的 70%，并需满足每相输出电流也不宜超过该相最大电流的 70%。相应地，$N+1$ 运行的单系统 UPS，每台 UPS 主机的负载率均不宜超过 $70\% \times N/(N+1)$。单套 UPS 机架后备电池不宜超过 4 组，如要求增加后备时间，单组容量可适当扩大。

组成双总线的 UPS 宜选配同等容量、同等输出、同等架构的系统。通常将两套 1+1 并联 UPS 系统组合成一套双总线 UPS 系统，当双总线系统所带负载等于两套 1+1 并联 UPS 系统总容量的一半时，该系统称为 1+1 冗余双总线系统，安全等级最高；当双总线系统所带负载等于两套 1+1 并联 UPS 系统总容量时,该系统称为 1+1 扩容双总线系统,安全等级次之(此处所带负载均考虑双电源,负荷均分情况)。

现有通信设备常采用的 N+1 并联冗余 UPS 供电系统,可靠性较高,但距离重要用电设备 100%的高可靠度和"365×24 小时"的运行目标要求还有一定差距。由于双总线 UPS 系统在两套单系统中的任何一个主机或系统发生故障时,都不会影响通信设备的供电,因此双总线 UPS 系统为高可靠度要求的交流供电的通信设备提供了一个比较满意的解决方案。

现有 N+1 并联冗余 UPS 供电系统的单点故障示意图如图 4-10 所示,图中圈圈表示单点故障的位置。

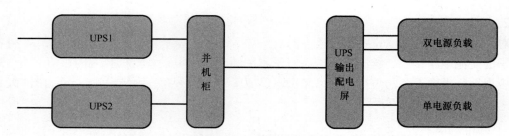

图 4-10   N+1 并联冗余 UPS 供电系统的单点故障示意图

双总线 UPS 供电系统的示意图如图 4-11 所示。

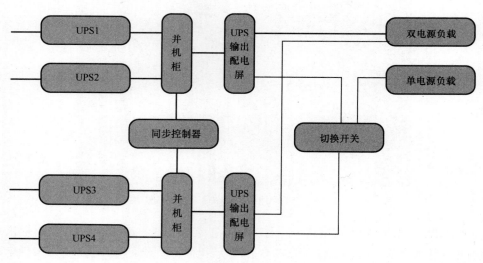

图 4-11   双总线 UPS 供电系统示意图

对于同一层机房具有两套以上 UPS 系统的,由于其具备双电源或多电源受电能力的供电,通信设备从两套 UPS 系统分别引接一路电源,全程路由保持隔离布放。对此,应事先了解通信设备的两路输入电源在设备内部采取的备份方式和隔离方式,若设备的两路电源模块输入端不隔离,则不能采用该方式;若两路电源采取冗余备份方式,则每套 UPS 的负载应考虑该通信设备的整机负荷容量。

对于 BOSS、计费等极为重要的通信设备,如异地没有备份的,UPS 供电系统建议采用双总线供电方式,如本地或异地有备份的,UPS 供电系统可采用非双总线供电方式。

同 48V 开关电源系统一样，在 UPS 的容量配置时也应考虑维护部门对每套电源容量使用上限的规定。比如，对于 1+1 双机冗余 UPS 系统，某通信运营商规定单台主机的运行负载不允许超过 35%。

3．蓄电池组

目前，通信运营商通常规定一类市电考虑蓄电池组后备时间按照 1～2 小时标准配置；二类市电后备蓄电池组考虑 2～4 小时标准配置。而多数企业将蓄电池组的后备时间设定为 15～30 分钟。

根据分析及实际经验，市电中断后，油机在 10～30 分钟内可以成功启动并投入运行。另一方面，市电中断后，空调系统停止工作，即使水冷空调系统将关键性泵和风机接入 UPS 系统，机房内的通信设备也会因为温升过高宕机或保护性关闭，过长的蓄电池后备时间也没有意义。而且蓄电池不仅承重要求较高，设备面积也较大，通常占用了电力室面积的一半以上。

合理配置蓄电池组的容量，除了可以降低电池设备投资和维护成本以外，还可以降低其他动力设备（如油机、变电/配电设备、油机等）的建设成本。而且通过减少蓄电池容量而增加的机房面积可以用来安装更多的通信设备，因此，除了应根据行业及企业的设计规范，还应综合考虑具体局房市电可靠性、通信设备供电保证度要求以及维护部门的维护能力，慎重选择。

为了方便在其中一组蓄电池维护及检修时不影响电源系统的供电，蓄电池组建议要求两组或两组以上并联，但是并联组数不应超过 4 组。

另外，对于工作环境温度对阀控式铅酸蓄电池的寿命影响较大，根据测算，当环境温度超过 25℃时，温度每升高 10℃，其寿命减少一半。为避免电池发生热失控，阀控式铅酸蓄电池的工作环境温度宜保持在 25℃左右。

4.2.12　空调及其他设备供电系统

长期以来，通信局站的电源系统是以直流供电为中心考虑的，市电停电后由蓄电池放电，保持通信设备的正常运行。但是，引入数字程控交换机、软交换设备，特别是大型服务器、刀片式服务器等现代通信设备后，需要空调设备连续运行以满足机房环境的温湿度要求，尤其是对于采用优先冷却机柜内温度等节能措施的机房，必须确保空调设备交流供电的可靠及连续性，一旦市电停电，应迅速启动备用发电机供电，否则短时间内即可造成通信设备高温宕机。所以现代通信电源系统考虑的基点应从传统的以直流供电力为中心转变到保证交流电的连续供电，充分重视市电、高低压配电和自备发电机组的可用性，保证交流电的可靠连续供电。对于水冷机组关键性的泵和风机，应提供 UPS 并保证双路供电。

其他设备的供电，应根据表 4-7 所列的负荷级别，对于一级负荷，提供后备油机保障的用电。

表 4-7　　　　　　　　　　　　　通信局房负荷级别

负荷名称	负荷级别	备注
消防设备	一级	特别重要负荷
通信局房保证照明	一级	特别重要负荷
通信局房正常照明	一级	
主要客梯、主要通道及楼梯照明	二级	
其他设备、其他照明	二级或三级	

4.3 防雷与接地系统

通信局房的防雷和接地系统是其重要的组成部分。防雷和接地系统的好坏不仅影响通信设备的正常运行，而且还直接关系到通信设备安装及维护人员的安全。因此，建立完备的防雷与接地系统是通信局房工艺阶段十分重要的工作。

通信局房的防雷和接地系统的指导性文件是《通信局（站）防雷与接地工程设计规范》（GB 50689），其中最根本的原则是：防雷接地工程应建立在联合接地、均压等电位、分区保护的基础上，并应根据电磁兼容原理，按防雷区划分原则，对防雷器的安装位置进行合理规划。

4.3.1 雷击防护

雷击分为直击雷和感应雷两种。直击雷由于能量大，对建筑物和人、设备的危害甚大；而感应雷的作用范围宽，雷击概率远大于直击雷，对通信设备的危害更大；有时二者又相伴存在。随着通信设备日益增多，传输暴露在室外的通信线路越来越长，遭受雷击的概率大大增加，再加上通信设备中集成电路的工作电压越来越低，印刷电路板的线间距离越来越小，使得设备抗雷击能力越来越弱。对于地处空旷的通信建筑，其遭受雷击的可能性更大。由此可见，如何做好通信局房的雷击防护是一项十分重要的工作。

通信局房的雷击防护的基本原理是在联合接地的基础上，采取泄放、屏蔽等电位连接和过电压保护等综合防护措施，具体要做好外部防雷、内部防雷和过电压保护三方面工作。

1．外部防雷

外部防雷就是保护通信局房所在建筑物本身不受雷电损害，以及减弱雷击时巨大的雷电流沿着建筑物泄入大地时对建筑物内部空间产生的各种影响。主要是通过其所在建筑物采用避雷针、带、网、引下线、均压环、等电位、接地体等一系列整体防护措施来进行直击雷防护，如图 4-12 所示。

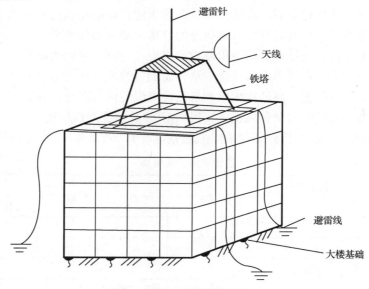

图 4-12　通信局房外部防雷示意图

2．内部防雷

内部防雷就是减小和防止雷电流产生的电磁危害，主要手段包括：（1）屏蔽：利用各种金属屏蔽体来阻挡和衰减施加在电子设备上的电磁干扰或过电压能量，如法拉第笼；（2）等电位连接：用连接导线或过电压（电涌）保护器将处在需要防雷的空间内的防雷装置、建筑物的金属构架、金属装置、外来的导线、电气设备、通信设备等连接起来，形成一个等电位连接网络，以实现均压等电位。

3．过电压保护

过电压保护是指为抑制传导来的线路过电压和过电流以及对等电位连接网中无法使用导体直接连接的部位实行等电位连接，应使用电涌保护器（SPD），其工作原理如图 4-13 所示。当电网由于雷击出现瞬时脉冲电压时，SPD 在纳秒内导通，将脉冲电压短路于地泄放，后又恢复为高阻状态，从而不影响设备。按用途可分为电源防雷器和信号防雷器，按工作原理可分为开关型和限压型。

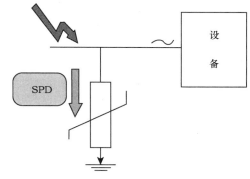

图 4-13　电涌保护器工作原理示意图

对于雷击防护，工艺阶段主要需要考虑外部防雷并为内部防雷的实施创造便利，对于电涌保护器的设置，可在具体设备安装设计阶段考虑。

4.3.2　接地网

通信局房的防雷和接地系统是其重要的组成部分。让通信局房有"地"可接，接地引入因此成为通信局房工艺阶段的一个重要工作。

首先，通信局房应按均压、等电位的原理，将工作地、保护地和防雷地组成一个联合接地网。所谓接地网，是由接地体与土壤的物理结合而形成的电气接触的金属部件装置。所谓接地体，是指埋入地中并直接与大地接触的金属导体，可以使各地线电流回流汇入大地，进行扩散和均衡电位。

地网是由水平接地体和垂直接地体互焊接埋设在地下形成的一个封闭的接地整体。地网的环形接地体与均压网之间每隔 5～10m 应相互连接一次，组成水平电极接地网体，与垂直接地体及其他地下金属管线连接形成地网。其中，垂直接地体较常采用不小于 50mm×50mm×5mm 的角钢，也有的采用壁厚不小于 3.5mm 的钢管或直径不小于 10mm 的圆钢，长度不小于 2.5m 且间距不小于 5m。垂直接地体材料多数选择热镀锌钢材，也有用铜材或铜包钢的；水平接地体主要用于连接垂直接地体，较常采用不小于 40mm×4mm 的热镀锌扁钢。典型的通信大楼的接地网如图 4-14 所示。

联合接地体的接地电阻不能满足通信设备要求时，可以做一组外延接地网。外延接地网垂直接地体四角宜采用等离子接地棒，其他外延垂直接地体长度为 2.5m，规格为 50mm×50mm×5mm 热镀锌角钢，外延垂直接地体必须与原接地网全部连接。

由多个建筑物组成时，应使用水平接地体将各建筑物的地网至少两点以上相互连通。距离较远或相互连接有困难时，可作为相互独立的局站分别处理。多个建筑地网连接方式如图 4-15 所示。

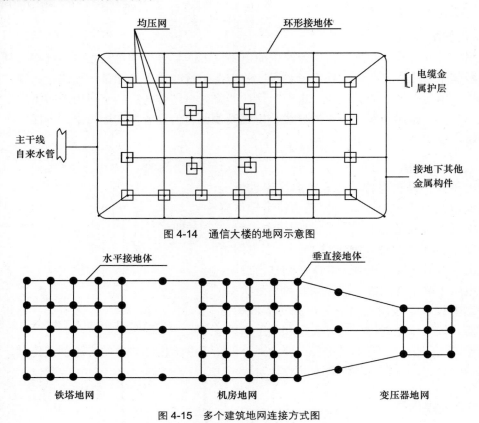

图 4-14 通信大楼的地网示意图

图 4-15 多个建筑地网连接方式图

4.3.3　接地引入

接地引入线就是连接接地体和总接地汇集排（MET）之间的金属导体。设置机房地网后，通信局房的各类接地即可采用接地引入线从地网上引入。接地引入线宜采用 40mm×4mm 或 50mm×5mm 热镀锌扁钢或截面积不小于 $95mm^2$ 的多股铜线，接地引入线出土部分应有防护施工机械损坏的措施，并应经过绝缘防腐处理，且不宜与暖气管、水管同沟布放。若设置垂直接地汇集线，则接地引入线应从地网两侧引入至垂直接地汇集线的位置。上述工作宜在建筑施工阶段完成。接地引入线与地网连接如图 4-16 所示。

由于通信局房的工作地和保护地由机房地网引入，与所在建筑的防雷地只在机房地网上相连。因此，考虑到建筑外侧柱内钢筋常作为防雷引下线使用，因此不建议由建筑外侧柱内钢筋作为接地引入点。

通常在大楼底层设置总接地汇集排（MET），可安装在强电井内。接地总汇集排的截面积应根据最大故障电流值设计。若通信局房只有一层或楼层较少，可以采用多股铜芯电源线分别从 MET 引接至各层。如果楼层较多，可在强电井内采用不小于 40×4 的镀锌扁钢或扁铜作为垂直接地汇流排，高层建筑物的垂直接地汇集线应采用截面积不小于 $300mm^2$ 的铜排。此垂直接地汇流排作为各楼层通信局房的接地总汇集点，可以根据具体要求设置一根或多根。图 4-17 即为某通信局房内的垂直接地汇集线实例。

通信局房的各层设置楼层接地排（FEB），楼层接地排与 MET 或垂直接地汇集线相连，并与根据需要设置的区域接地排（LEB）连接。连接系统图如图 4-18 所示。

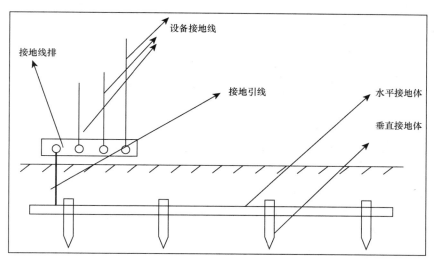

图 4-16　接地引入线与地网连接示意图

　　LEB 的设置方式较多。通常的做法是分区域安装多个接地汇集排，这些汇集排形成环形串联或星形连接，与垂直接地汇集排或 FEB 连接；也可以设置等电位接地带均压环，其做法是在防静电地板下，沿着原地面上布置 40mm×4mm 的铜带，形成闭合环接地环；还可以设置等电位均压环带，其做法是沿着走线架布置 40mm×4mm 的铜带，并固定在走线架上方，铜带相互连接，且与垂直接地汇集排或楼层总接地汇集排连接。均压环或者均压带的方式便于机房内各设备及其他金属件就近接地，当然造价也相对较高。

图 4-17　垂直接地汇集线示例

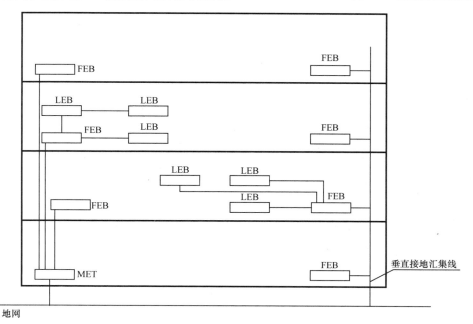

图 4-18　通信局房的接地引入连接系统图

走线架上设置等电位均压环（带）示例如图 4-19 所示。

注：圈内为机架保护接地线与等电位均压环带连接处。

图 4-19　走线架上设置等电位均压环（带）示例

对于设置防静电地板的机房，在地板安装阶段还应考虑其整体的保护接地。机房内的其他金属件在工艺安装阶段也应考虑保护接地。

4.4　监控系统

通信局房的设备必须不间断地正常运行，一旦发生故障或未及时排除故障，就有可能轻则影响若干设备的运行，重则影响整个系统或整个网络的运行，造成不可估量的经济损失和社会影响。　传统的通信局房采用专人 24 小时值守的方式，不仅耗费人力资源，还有可能因为人为疏忽或专业技能不足，发生未发现设备故障或设备故障处理不及时的问题。现代的通信局房均要求建立一套机房监控系统，对机房的运行环境状况、动力配电状况、设备运行状况、人员活动状况等进行 24 小时监控，将整个机房的各种动力、环境、安防设备子系统集成到一个统一的监控和管理平台上，通过一个统一的简单易用的图形用户界面，维护人员可以随时随地监控机房的任何一个设备，获取所需的实时和历史信息，进行高效的全局事件管理，从而可以有力保证通信局房的安全和机房内设备的安全稳定运行，实现机房少人或无人值守，降低运行维护成本，提高维护管理效率，　实现机房管理的"集中化、标准化、信息化、智能化"。

在工艺阶段需要确定机房的监控方案，包括组网方式及监控对象，预留必要的监控设备及监控中心所需空间，确保具有系统软件平台及硬件接口即可，以便于后期具体设备安装阶段将监控系统设备纳入到监控系统中来。

某通信局房监控系统的界面如图 4-20 所示。

通信局房的监控系统按照监控对象的不同，可分为动力环境监控系统及安防监控系统两类。

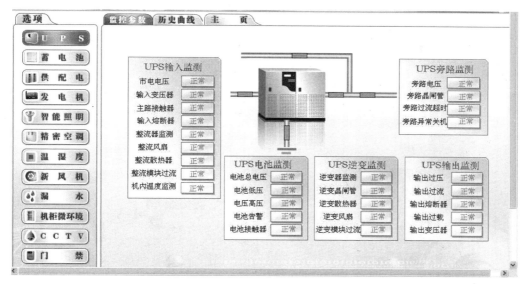

图 4-20　某通信局房监控系统的界面示例

4.4.1　动力环境监控系统

通信局房的动力环境监控系统的设置原则包括实用性、可靠性、实时性、开放性及灵活性。

（1）实用性

系统的设置应充分利用现有网络资源，由于可选择的监控对象很多，在选择监控对象时应结合工程投资和维护要求，有的放矢，使系统具有较高的性价比。

（2）可靠性

系统的设置应不影响通信网络安全，可稳定采集和传输监控信号。

（3）及时性

系统应可及时传输和显示各种数据和告警信息，并对被控设备进行实时控制。

（4）开放性

可以兼容不同的产品，灵活扩容。

动力环境监控系统监控的设备包括高低压配电、设备电源、空调及消防设备等。动力环境监控系统需要针对设备特点和机房的具体环境，对通信局房内的电源设备、蓄电池组、空调、油机发电机等智能设备以及机房温湿度、烟感、水浸、门禁等环境量实现"遥测、遥信、遥控、遥调"等功能。监控系统如图 4-21 所示。

动力环境监控系统宜采用逐级汇接的三级网络结构，即：通信局房设置监控单元（SU，Supervision Unit），区域设置监控站（SS，Supervision Station）、监控中心（SC，Supervision Center），如图 4-22 所示。

其中：SC（Supervision Center，监控中心）即本地网或者同等管理级别的网络管理中心，监控中心为适应集中监控、集中维护和集中管理的要求而设置。SS（Supervision Station，监控站）即区域管理维护单位，监控站为满足县、区级的管理要求而设置，负责辖区内各监控单元的管理。SC 和 SS 属于管理层。SU（Supervision Unit，监控单元）即监控系统中最基本的通信局（站）。监控单元一般完成一个物理位置相对独立的通信局（站）内所有的监控模块的管理工作，个别情况可兼管其他小局（站）的设备。SM（Supervision Module，监控模块）

即完成特定设备的管理功能，并提供相应监控信息的设备。监控模块面向具体的被监控对象，完成数据采集和必要的控制功能。一般按照被监控系统的类型有不同的监控模块，在一个监控系统中往往有多个监控模块。

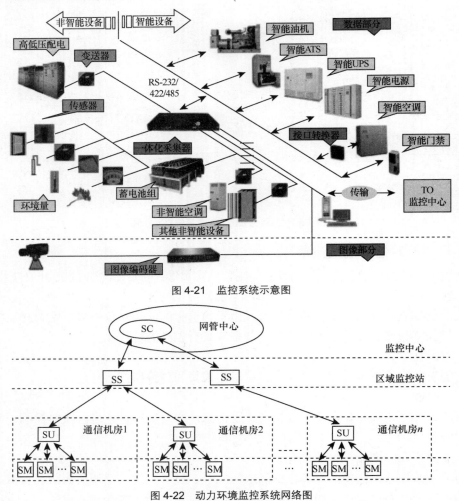

图 4-21　监控系统示意图

图 4-22　动力环境监控系统网络图

如果已搭建有专用的监控系统，则通信局房的监控系统应优先纳入该监控系统进行管理，避免各处通信局房设置独立的监控系统。

4.4.2　安防监控系统

通信局房的安防监控系统应可保护机房内通信设备的正常运行，在可能事故发生之前侦测出潜在危险，通过中央控制管理并可将信息发送给相关人员及时进行处理，并对相关信息进行保存候查。系统通常包括门禁管制、视频监控、防盗报警、灯光照明等。安防监控的设置原则首先是自身安全可靠，同时还要简单易用。安防监控通常与装修工程同步。 具体做法有：在门厅、电梯厅及走廊等场所设置视频监控设备；在通信局房内及其他重要机房、重要通道的入口处，设置视频监控设备和门禁系统。

门禁的识别方式也有多种选择，包括生物识别方式（根据人体特有的特征，如指纹、视网膜等，作为门禁系统的识别依据，但投资较大）、物理识别方式（目前使用最多的门禁系统的识别方式，即使用带有特别信息的物体，如 IC 卡、磁卡、条码等，作为门禁系统的识别依据）、密码识别方式（密码作为识别的依据）。可以根据具体的情况来选择合适的识别方式，也可以根据情况将多种识别方式组合使用。在一卡通系统目前已经覆盖了员工考勤、出入口控制、电梯控制、车辆进出管理、员工内部消费管理等多个方面的情况下，门禁还可以结合在智能建筑中的一卡通系统中。

在重要程度较高的并按照模块化设计的通信局房内，如大型数据中心，明确各个机房或各个区域的安全等级后，可以通过权限设置等方式将不同的机房或者区域设置为不同的安全等级及安全规则。如：机房设为 1 级安全区，通过读卡器加 10 按键锁或指纹锁进行出入管理，机房的其他辅助房间设为 2 级安全区，通过读卡器进行出入管理，走廊、楼梯、电梯等机房附近的通行区域设为 3 级安全区，通过读卡器进行出入管理，大厅等公共区域设为 4 级安全区，通过钥匙或值班人员进行出入管理。图 4-23 即为某通信局房的安全等级划分示意图。

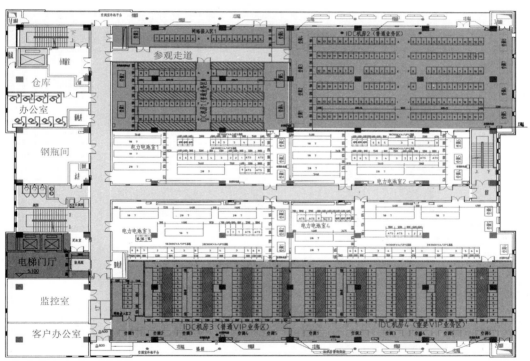

图 4-23　某通信局房安全等级划分示意图

4.5　能耗监测系统

能耗监测系统是利用传感网络技术、数字网络技术对各耗能设备的电度、电压、电流、功率因素等电参数进行采集、汇总。通过监测管理平台，利用数据挖掘技术，使用丰富的表现手段，展现能耗信息，提供横比、纵比，发现高能耗点及用电不合理点，跟踪运维过程，优化用电管理，指导科学用电，使管理思想深入到可操作的细节中去，为精细化管理提供有效的支撑手段。

能耗监测系统主要由能耗测量设备、数据采集上报单元、传输信道及数据处理服务器、应用服务器、监测管理软件平台组成。

建立能耗监测系统，通过能耗数据采集、能耗数据传输和能耗监测应用3个部分的建设，对通信局房中各类设备能耗、环境参数（湿度、温度等）进行精细化监测，可以准确、实时采集电力数据，构建完善、全面的基础数据库，实现对能耗数据的汇总和分析，宏观、实时掌握总能耗以及各设备能耗状况、能耗超标状况、业务变化状况、设备运行变化状况，为进一步开展节能措施提供依据，是绿色局房工艺（见第6章）及各种节能措施效果的一项重要的判定依据。

建立能耗监测系统可以明确节能的效果，也是顺利开展合同能源管理的一项必要的手段。另外，在托管类 IDC 机房内建立能耗监测还具有非常实际的意义，可以准确统计托管设备的用电情况，以此作为收取电费的依据，而且可以有效防止托管设备用电超标等情况的发生。

从精细化管理及投资额度平衡的角度来考虑，通常建议根据用电类型进行分类。通信设备用电建议以机架为基础单位，部分机架出于管控的原因，可进一步深入更下一层单元；照明、空调、UPS、发电机各为一个分类，进行汇总监测。其目的是掌握不同用电类型的精确能耗值，根据不同用电类型的特点，发现高能耗及用电不合理的地方，从技术手段或管理制度上采取措施，为节能降耗决策提供有效的数据支持。

能耗监测系统结构如图 4-24 所示。

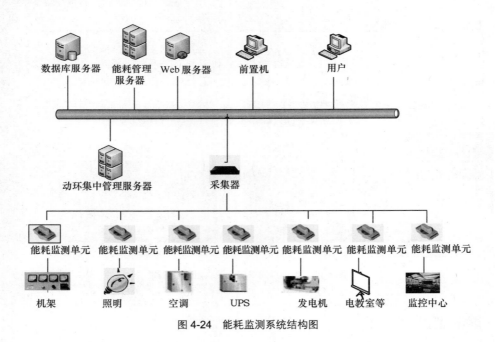

图 4-24　能耗监测系统结构图

获取数据并不困难，但关键是要能把数据用好，能对数据持续分析和咨询，才能发挥数据的价值，以便最大程度地简化工作和协助管理。一个优秀的能耗监测系统不仅要能监测，还要"能分析",包括:提供汇总平台,能对区域能耗情况实行统一分析和统计;提供横向分析,分析不同厂家间设备之间、不同地区的能耗对比;提供纵向分析,分析不同时间阶段的能耗对比;还要"能建议",包括提供优化的用电方案和提供决策支持。

某能耗监测系统的界面如图 4-25 所示。

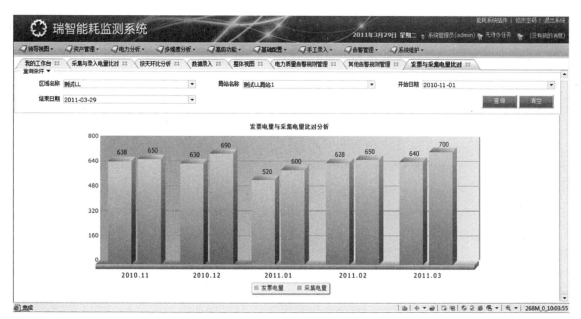

图 4-25　某能耗监测系统的界面示例

动环监控系统是通信机房必不可少的系统,在工艺阶段,可以根据实际需要,通过通信设备、机房专用空调、机房保证照明等用电设备的规模确定用以监测电压、电流、功率以及谐波等参数情况的能耗监测仪表的规模,确定能耗监测中心的规模。同机房监控系统一样,能耗监测系统在工艺阶段只需搭建系统软件平台及硬件接口即可。

对于通信局房较多的情况,可以搭建一个统一的能耗监测中心,每一个通信局房的能耗监测信息可以统一通过传输链路传送至上级能耗监测中心。

第5章
空调及消防系统

5.1　空调系统

由于通信对所处环境的温湿度及洁净度有很高的要求，因此为了保证通信局房内的设备处于良好的温湿度、洁净度环境，安全、可靠及高效的空调系统是必不可少的重要组成部分。

1902 年第一部空调设备出现。至今空调技术已发展 100 余年，整个空调行业已经形成多样化、专业化的态势。空调设备按照冷热源、空气处理设备的设置、负荷介质、集中或分散、使用目的、风速等可以划分为不同的类型。

5.1.1　通信局房环境参数对空调的要求

通信局房的服务对象主要为服务器、交换机、路由器、存储器等 IT 类设备，对空调的要求与服务于人体的空调的要求不同，其具有很强的特殊性。

1. 局房所用空调需要具有"大风量、小焓差、大风冷比"的特性

通信局房的热负荷量一般都很大，尤其是一些数据机房，其单位面积发热量更是远远高于民用住宅、办公等用房。但是，由于这些通信设备不会产生湿度的变化，因此局房内的湿负荷较小，这就要求局房所用空调具有较强的制冷能力，在单位时间内能够迅速消除通信设备所发出的热量。

而对于局房空调来说，为了对温湿度的控制精度更加准确，需要将降温和除湿分步进行，为了避免降温的同时进行不必要的除湿，这就要求局房所用的空调送风焓差小。我们知道，普通空调除湿的过程是将空气处理到露点温度以下使空气中的水凝露，从而降低空气中水蒸气的含量。而局房专用空调在空气湿度比较大需要除湿时机组就会关闭一部分蒸发器，蒸发器表面温度降低从而使空气中的水蒸气凝露，以达到除湿的目的。

同时，为了达到大制冷量的要求，空调送风必须采用大风量的设计。大风量的设计也会增加局房内的换气次数，这样也有利于局房的温度、湿度等指标的稳定调节以及温湿度的均衡，达到大面积局房气流分布合理的效果，避免产生局房局部的热量堆积。

风冷比是指空调设备的风量与冷量之比。为了提高运行效率、保证局房气流组织、提高过滤空气的洁净度，通信局房要求空调设备的风冷比比普通舒适性空调大：一般舒适性空调的风冷比为 1:5m^3/kcal，而通信局房空调设备的风冷比能够达到 1:2～1:3m^3/kcal。

举例说明，制冷量同样为 12.5kW 的设备，普通舒适性空调室内机风量约为 2000m^3/h，其风冷比为 1:5.375m^3/kcal；而对于局房专用空调，制冷量为 12.5kW 的室内机送风量约为 5000m^3/h，其风冷比为 1:2.15m^3/kcal。两者风冷比相差两倍以上，这也是为什么普通空调无法运用于通信局房的一个重要原因。

2. 局房所用空调需要具有加湿、除湿功能

通信局房内的设备基本上没有什么湿负荷，但是通信设备对周围湿度有一定的要求，一般需要湿度保证在 40%～60%之间。

当湿度过高时，容易导致电子元件设备表面产生凝结水，发生漏电或短路现象；当湿度过低时，容易致使电子元件产生静电，就会发生放电甚至击穿现象。总之，不适当的湿度环境均会造成设备发生异常现象而无法正常工作。

因此，通信局房的空调机组需要具有加湿和除湿功能，并能够将湿度控制在合理范围内。

3. 局房所用空调需要具有除尘与空气净化功能

局房环境的洁净度对设备的正常运行具有很重要的影响。当局房洁净度较差时，空气中的灰尘积累在电子元件设备上，容易造成电路板腐蚀、绝缘性能下降、散热通风效率下降等问题。尤其需要注意的是，在空气质量较差的地区，室外新风（包含节能新风）的引入需要慎重对待。局房专用空调的洁净、除尘功能格外重要。

4. 局房所用空调需要具有长时间、不间断的可靠性能

一般通信局房的设备需要不间断运行，这就要求制冷空调能够在 365d×24h 的环境下不间断运行，并能够提供稳定的环境。一般局房专用空调主要部件的使用寿命需要保证在 8～10 年，这是常规舒适性空调难以达到的。

5. 局房所用空调需要具有可监控及管理的功能

由于通信局房内的设备较多，且多为无人值守，为了更加及时地了解、控制机组的运行状态，需要空调机组具有远程监控及管理功能。

5.1.2　局房专用空调与舒适性空调对比

从前面章节的介绍可知，根据用途分类，空调可分为舒适性空调与工艺性空调，局房专用空调也属于工艺性空调范畴。两者的一个主要不同在于：一个是为人服务，一个是为通信机器服务。两个服务对象对温度及湿度要求不同。

舒适性空调和局房专用空调环境对比如图 5-1 所示。

由于两者设计、制造工艺不同，舒适性空调根本无法完全满足通信局房的恒温恒湿、高洁净度、换气次数等要求。表 5-1 中列出了舒适性空调与局房专用空调的主要差异。

（a）舒适性空调　　　　　　　　　　　　　　（b）局房专用空调

图 5-1　舒适性空调和局房专用空调环境对比图

表 5-1　　　　　　　　　舒适性空调与局房专用空调的主要差异

对比项	舒适性空调	局房专用空调
显热比	0.6～0.7	0.9～1.0
运行温度范围	−5℃～+35℃	−40℃～+45℃
控制温度范围	21℃～27℃	22℃～24℃
换气能力（次/小时）	5～15	30～60
空气过滤	简单	ASHRAE20%
出风温度	6℃～8℃	10℃～18℃
热密度（W/m²）	100～150	500～2000
加湿器	无	有
远程控制	一般无	有
运行时间（h/y）	1000～2500	8760
使用寿命	2～3 年	8～10 年
耗能比例	1.5	1

如果将舒适性空调运用在通信局房中，将会产生如下问题。

1．出风温度过低

舒适性空调的设计为小风量、大焓差，出风温度一般为 6℃～8℃，换气次数为 10～15 次/h。而局房专用空调的设计为大风量、小焓差，其出风温度一般为 10℃～14℃，换气次数为 30～60 次/h。一般情况下，当湿度≥50%时，8℃为露点温度，也就是说，此时如果使用舒适性空调对通信设备进行制冷，则靠近空调出风口处的设备极易产生冷凝水，造成电路板短路。同时，由于舒适性空调的换气次数以及风量不足，易造成远端的设备不易散热。

局房专用空调则在避免露点问题的同时，通过大风量以及足够的换气次数对局房进行整体降温，很好地达到了通信局房的需求。

2．室外温度环境较差时无法运行

舒适性空调的设计主要是针对夏季高温季节进行降温除湿使用。其在冬季室外温度较低时（室外温度＜–5℃）无法进行制冷。而通信局房即使在冬季仍然需要进行制冷降温，只有局房专用空调能够满足通信局房的全天候使用需求。

3．舒适性空调的调节精度较低

一般的舒适性空调温度调节精度为 6℃，而通信局房要求在局房整体温度波动不大于±1℃，局房专用空调可满足此项要求。

4．舒适性空调设计寿命短

普通的舒适性空调使用寿命一般为 2～3 年，而且其运行时间也并非全天，一般每年仅使用 1～3 个月。而局房专用空调的设计寿命一般不小于 8 年，其运行时间也为 365d×24h。

5．舒适性空调空气过滤能力差

舒适性空调只具备简单的初效过滤功能，正常情况下，连续使用 1～2 个月后基本无过滤功能。而精密空调是严格按照局房空气洁净度要求进行设计的。

6．舒适性空调的综合成本高

从购买成本上看，在局房专用空调的使用周期中，舒适性空调需要更换 2～4 批。

从运行成本上看，局房专用空调具有高能效比，其同等制冷下的耗电量是舒适性空调耗电量的 2/3。而舒适性空调过度的除湿，造成其能耗进一步浪费。

一般来说，虽然舒适性空调在初期投资会远低于局房专用空调，但是经过 3～4 年后，舒适性空调和局房专用空调机组的费用基本持平，此后舒适性空调的费用就越来越高于局房专用空调。

图 5-2 反映了在生命周期内局房专用空调与舒适型空调的总成本对比。

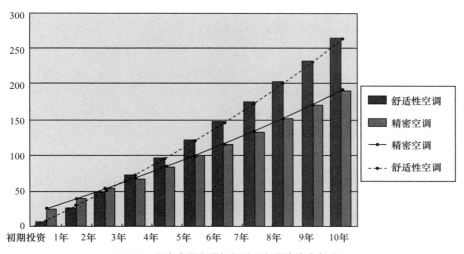

图 5-2   局房专用空调与舒适型空调的总成本对比

综上所述，为了保证通信局房的环境稳定可靠，需要用局房专用空调来实现，切不可因为舒适性空调机组初期投资小而忽视长久运行结果。

5.1.3   通信局房空调负荷计算

对于通信局房来说，由于其常年需要供冷的特点（除了人员长期停留区、北方地区柴油发电机房、钢瓶间等需要进行采暖），只需对其进行冷负荷计算。通信局房的冷负荷计算是空调系统设计的基础，同时由于空调高能耗现状，其计算结果的精确度将对节能效果起到很大的影响。

按照国标《电子信息系统机房设计规范》（GB 50174-2008）的规定，通信局房夏季冷负荷主要包含局房内设备的散热、建筑围护结构的传热、人体散热、照明装置散热、新风负荷。

1. 通信局房冷负荷理论计算方法

通信局房的冷负荷理论计算方法实际上与大多数建筑空调负荷计算方法一致，其特点是由于通信设备负荷较大，因此很多发热量较小且计算过程复杂的单项将忽略不计。

（1）计算机设备热负荷

$$Q_1 = P \cdot \eta_1 \eta_2 \eta_3 \ (\text{kW})$$

式中，Q_1 为计算机设备热负荷；

P 为局房内各种设备的总功耗；

η_1 为同时使用系数，可按主机 η_1=1.0，外部设备 η_1=0.8 计算；

η_2 为利用系数，可按 0.8～1.0 计算；

η_3 为负荷工作均匀系数，可按 0.8～1.0 计算。

（2）照明设备热负荷

$$Q_2 = P \cdot \eta_1 \eta_2 \ (\text{kW})$$

式中，Q_2 为照明设备热负荷；

P 为照明设备标定输出功率；

η_1 为同时使用系数，可按 0.5～0.9 计算；

η_2 为蓄热系数，明装时 η_2=0.9，暗装时 η_2=0.85。

（3）人体热负荷

$$Q_3 = P \cdot N \ (\text{kW})$$

式中，P 为人体发热量，取 0.0114kW/人；

N 为机房常有人员数量，取 0.01～0.05 人/m²。

（4）建筑围护结构传导热

$$Q_4 = K \cdot F \cdot (t_1 - t_2) \ (\text{kW})$$

式中，K 为围护结构导热系数；

F 为围护结构面积；

t_1 为机房内温度（℃）；

t_2 为机房外温度（℃）；

$t_1 - t_2$ 可按照 10℃ 计算。

（5）新风热负荷

由于新风热负荷的计算较为复杂，且通信局房的新风热负荷在空调负荷中所占比例非常小，因此设计中常以空调本身的设备余量来平衡，可不必另外计算。

（6）其他热负荷

除上述热负荷外，由于其他负荷量均较小，因此在实际计算过程中均忽略不计。

综上所述，通信局房热负荷 Q 的计算公式为：

$$Q = Q_1 + Q_2 + Q_3 + Q_4$$

2．通信局房冷负荷工程计算方法

由于理论计算方法过程较为复杂，考虑到通信局房热负荷的特点在于绝大多数热负荷集中在通信设备以及建筑围护结构上，因此根据通信设备类型、数量、耗电情况以及机房面积等信息来确定局房专用空调的容量及配置。工程设计中，实际常采用功率法或面积法两种经验计算方式来估算局房空调的负荷容量。

（1）功率法

按照实际工程经验，机房冷负荷主要分为通信设备发热量以及包括建筑围护结构负荷、照明和人员负荷在内的其他负荷，后者可根据机房面积及经验进行估算。

机房内空调计算冷负荷 $Q=Q_1+Q_2$。

其中：$Q_1=N \cdot S$（kW）；$Q_2=K \cdot A$（kW）。

式中，Q_1 为设备散热量（kW）；

N 为机房设备功耗（kW）；

S 为热量转化系数，一般取 0.9～1.0，其中数据、交换设备取上限，传输设备取下限；

Q_2 为机房外墙等围护结构传热量、外窗太阳辐射、人员及照明等因素引起的环境热负荷（kW）；

K 为估算系数，可根据当地气候条件、机房位置、朝向等因素考虑取 0.09～0.12kW/m^2；

A 为机房净面积（m^2）。

（2）面积法

在设计阶段甚至实施阶段，设计者以及建设方经常很难确定服务器的类型及其发热量，此时只能根据机房的功能和面积粗略估算通信机房冷负荷。

$$Q_t = S \cdot P$$

式中，Q_t 为总制冷量（kW）；

S 为机房面积（m^2）；

P 为冷量估算指标（根据不同用途机房的估算指标选取）。

以下是不同类型通信机房的冷负荷估算指标。

数据中心：600～1500W/m^2（注：如果是高密度计算的数据中心，部分场地的发热量甚至超过 2000w/m^2）；

交换机房：500～800W/m^2；

传输机房：200～500W/m^2；

UPS 和电池室、动力机房：300W/m^2 左右。

5.1.4　通信局房空调系统类型

通信局房专用空调的制冷形式有很多，大致可分为风冷型空调、冷冻水型空调、水冷型空调、乙二醇冷却型空调以及双冷源型空调。各种形式的机房空调各有应用特点，适用于不同的应用场合，甚至可以搭配使用。

1. 风冷型机房专用空调系统

风冷型机房空调使用空气作为传热媒介，是最常见的数据中心机房空调方案，属于直接膨胀（DX）制冷方式。

整套机房空调由室外冷凝器、室内蒸发器（蒸发盘管）、压缩机、膨胀阀和相应的管道等元件构成。室外冷凝器通过室外空气冷却制冷剂，将其变为常温高压液体；经过膨胀阀后，制冷剂变为低温低压气液混合物后进入蒸发器；在蒸发器内，制冷剂与室内空气热交换，带走室内的空气热量，制冷剂则变为高温低压气体再进入压缩机；压缩机将制冷剂压缩成高温高压气体，送入冷凝器冷却。整个制冷循环在一个封闭系统内，将室内的热负荷转移到室外空气中。风冷系统流程图如图 5-3 所示。

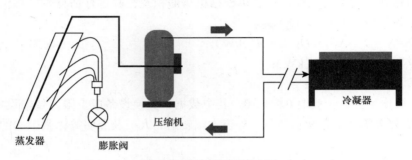

图 5-3　风冷系统运行示意图

而该制冷系统的运行工况如图 5-4 所示。

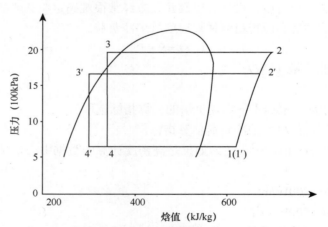

注：1-2-3-4 为风冷空调的制冷循环过程；1'-2'-3'-4'为水冷空调的制冷循环过程。

图 5-4　制冷系统压焓图

风冷型空调属于分散式空调系统，该系统具有很强的安全性、独立性、冗余性。系统安装简易，维护简单，可随着通信设备安装进度灵活调整安装顺序，在中小型甚至大型通信机房中被广泛使用。

但是，这套系统同时存在很多不足，例如其能效比低，室内外机存在距离限制，室外机对场地安装环境要求较高，所以在大型通信机房、数据中心中较少使用。

2．冷冻水型机房专用空调系统

冷冻水型机房专用空调系统是通过各种冷源系统制备出冷冻水后，将其送入末端空调机组，末端机组再通过换热盘管将高温水送回至冷源，其系统如图 5-5 所示。

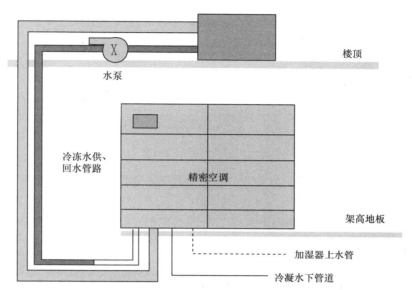

图 5-5　冷冻水型机房专用空调系统示意图

冷冻水型机房空调可制造的冷量巨大，并且系统具有很好的节能性，运用高效率的螺杆制冷机组、离心式制冷机组，效率比往复式压缩机、涡旋式压缩机更高，COP 最高可达 6.0。在北方地区，该系统更便于进行冬季自然冷源运用技术，可以大幅降低运行电费。

但是，在使用该系统时，需要注意以下问题。

（1）在通信机房中引入了大量水循环系统，给机房造成了一定的安全隐患，需要相应的漏水检测和防护措施。

（2）由于该系统通常会需要极大的补水，为保证整套系统在断水情况下能够继续安全运行，通常还需要水量储存。

（3）为保证不间断运行，系统管路需要进行充分考虑，在一些极为重要的机房中需要考虑双系统。

3．水冷型机房专用空调系统

水冷型机房专用空调系统的室内机组部分与风冷型空调类似，不同的是系统上增加了一套板式换热器，通过水与制冷剂的热交换达到高效散热的效果，提供机组能效。其冷却水可通过冷却塔或者干冷器制备，如图 5-6 所示。

水冷型空调能效比介于风冷系统和冷冻水系统之间。由于系统中增加了水泵，提高了管道可铺设距离，且室外冷凝器部分集中，占地面积小，故在室外安装位置较小、室内外之间通过各种冷源系统制备出冷冻水后，将其送入末端空调机组，末端机组再通过换热盘管将高温水送回至冷源。

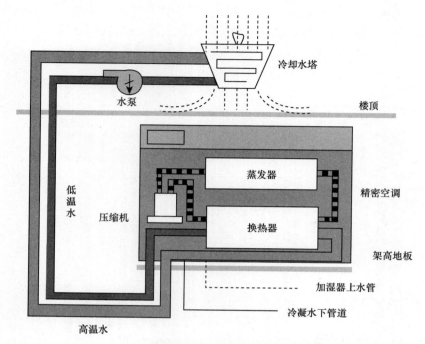

图 5-6　水冷型机房专用空调系统示意图

4．双冷源型机房专用空调系统

双冷源空调系统是一个较为广泛的定义，采用任何两套制冷循环空调系统均可称为双冷源系统。目前各设备厂家较为广泛使用的系统主要是风冷/冷冻水型机房专用空调、水冷/冷冻水型机房专用空调。无论哪种双冷源系统，均具有可靠性高、初期投资大、管线复杂、占用空间大等特点。

5．风冷型与冷冻水型空调系统比较

随着国内通信应用技术的发展，通信机房的设备发热密度越来越大，大型机房楼、数据中心越来越多。单栋机房楼建筑面积在 $8000 \sim 10000 \mathrm{m}^2$，从投资角度考虑，在土建阶段的水冷系统一次性投资较常规风冷系统较多（主要由于大型冷冻水机组及其管线系统等需一次投资到位），但在后期的通信设备分期建设中，空调配套投资（主要为末端的冷冻水型机房专用空调）较风冷系统要少得多，因此在规模较大的机房楼采用水冷空调系统与风冷空调系统总投资较接近。从节能角度考虑，由于水冷效率明显高于风冷，水冷机组性能系数高于风冷机组。而对于安全隐患问题，目前的设计手段已经完全可以解决水冷系统的任何隐患。因此，近年来国内在通信机房中特别是一些中、大型项目上推广冷冻水型专用空调机组越来越多，应用也趋于广泛，具有一定程度的节能减排推广应用价值。

在国外，水冷机房空调系统应用非常广泛，大约有70%的机房采用了冷冻水型空调系统，与国内机房空调应用现状形成了鲜明对比，这也说明了水冷空调系统将是未来的应用趋势。

风冷空调和冷冻水型空调的对比见表 5-2。

表 5-2　　　　　　　　　　　风冷空调和冷冻水型空调对比表

分　类	风冷型空调	冷冻水型空调
系统备份量	机组备份性高	主机易备份，管路不易
空调系统特点	简单（内外机独立对应）	复杂（制冷主机、冷却塔、管路、泵、控制系统、空调末端等）
系统独立性	好	节点多
维护特点	单机维护	制冷系统、控制系统等
维护队伍	日常维护人员	专业维修人员
投资与建设	逐级实施，终期投资大	末端分期建设，初投资较大
运行特点	初期经济	专人现场管理，中后期运行经济
综合运行能效（取 15 年）	1	节能 15%
系统安全性	好，无单点故障	较好，但若要达到完全避免单点故障，需投入较高费用
局部热点加空调方式	局部空调氟利昂系统	局部空调冷冻水系统
扩展性	好	较好
建筑利用率	高	低（冷冻机房占用建筑面积）
对立面影响	较大，立面有空调外机	较小，冷却塔安装在顶层
利用自然冷源效率	小	大

以上对比仅从几个常规的方面进行阐述，在实际工程中，尤其是规模中等的通信局房，需要针对两种方案进行具体的量化分析，以确定最终方案。

5.1.5　通信局房气流组织

通信局房设备发热量大、相对集中，并且受空调安装位置的约束，因而需要有合理的气流组织分布，才能更有效地将热量带走，保证室内环境达到设计要求。

同时，合理的气流组织可以避免热回风与冷送风混合，从气流组织方面达到节能目的，提高空调机组的效率。

目前，国内较为常见的基本送风方式有风帽上送风、风管上送风、地板下送风 3 种。另外，随着近两年来各方对节能减排越来越重视，在气流组织形式上逐渐演变出精确送风、行间制冷等形式。

气流组织形式的选择需要满足相关规范以及机房设备散热需求。

1. 风帽上送风，底部自然回风

风帽上送风是所有送风形式中最为简单的一种形式，即在空调机组上部增加送风风帽，对送风进行一定的引导。其有效送风距离较短（一般不大于 12m），且气流在通过风帽口以后将形成无序送风，而回风则通过机组下部的回风风口收回。整个系统冷热气流短路明显，制冷效率低下，现在已经很少用在大型项目上，仅在设备发热量小、数量少、送风距离短的小型机房或电池电力室内使用，如图 5-7 所示。

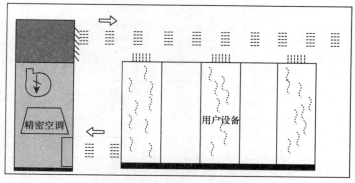

图 5-7　风帽上送风，底部自然回风方式示意图

2．风管上送风

风管上送风是在风帽上送风的基础上对送风形式进行优化的一种方式，它是通过设置静压箱、送风风管，增加送风距离，引导送风风量分配，以减少出现局部过热现象的一种气流组织方式。由于风管有效引导，其有效送风距离相对较长，一般为 12～20m，如图 5-8 所示。

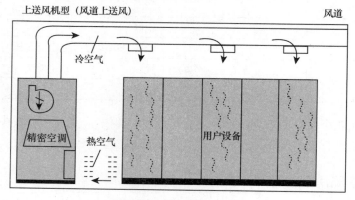

图 5-8　风管上送风示意图

风管上送风形式对土建的层高有一定要求，在前期规划时，送风管所占高度可以按照 400mm 进行估算，静压箱高度一般为 0.8～1.4m。根据工程经验，当机房规划布置三层走线架时，一般要求机房梁下净高不小于 3.8m。

风管系统宜采用低速送风系统，风速要求见表 5-3。

表 5-3　　　　　　　　　　　　　　风管系统风速要求

部　位	推荐风速（m/s）
主风管	6～8
支风管	4～6
风口	4～5
静压箱	2～4

在风管设置时，需要注意以下几个问题。

（1）推荐采用多台机组并联静压箱方式进行送风，增加安全性的同时可以更加均匀气流组织，但是并联机组不宜超过 4 台。

（2）在机房建设初期，当出现分期建设的情况时，风管系统需要统一规划，一次性建设完成。但如果空调设备是采取分期安装，则需要在风管及静压箱中合适的位置设置阀门。

（3）风管安装完成后，后期设备需要根据前期规划进行安装，尽量将设备平均布置。当功耗差距较大时，建议将高功耗机组放置在风管中前部。

（4）风管安装会与灯具、各类吊挂冲突。为避免冲突，需要在施工前进行准确定位。

3．架空地板下送风

近年来，随着通信设备功耗越来越大，为了达到更好的送风效果，架空地板下送风这一形式已经被广泛应用于各类通信机房中。

架空地板下送风的主要原理是，通过在机房内敷设防静电地板，且地板高度达到 400～1000mm 甚至更高，空调机组通过导流风管将冷风送入地板下方，形成一个巨大的静压箱体，以达到减小动压、增加静压、均匀送风气流的目的，然后通过带孔地板或者机柜底部开口将冷风送入冷通道或者机柜内部。

其实架空地板下送风的形式早在 20 世纪 90 年代就已经在我国通信行业使用，但是当时为了节省更多的层高，将下走线和下送风形式结合使用，因而就导致地板下部大量的通信、电缆走线将空调送风挡住，致使出现送风不畅、空调能耗增加、制冷效果差的现象。随着近几年来更加科学、合理地进行机房气流组织规划，对原有的架空地板下送风进行了两种优化：提高架空地板高度，以及上走线下送风形式的使用。

架空地板下送风示意图如图 5-9 所示。

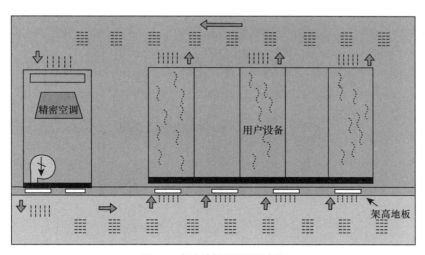

图 5-9　架空地板下送风示意图

根据送风形式的不同，架空地板下送风方式又可细分为以下几种形式：冷热通道送风、通信机柜底部送风、冷通道封闭送风等。

根据回风形式的不同，架空地板下送风方式又可细分为以下几种形式：上部自然回风、吊顶回风、风管回风等，其中架空地板下送风+风管回风示意图如图 5-10 所示。

架空地板下送风方式近几年来已经被广泛推广，尤其在通信运营商、金融信息中心、企业数据中心等大型数据中心已经被完全采用。但是，在进行此种气流组织设计时需要注意以下几点。

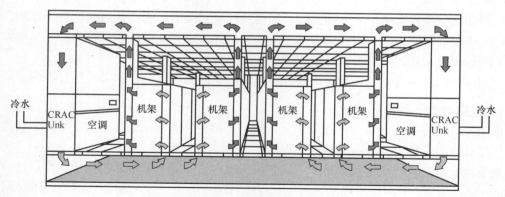

图 5-10 架空地板下送风+风管回风示意图

（1）保温

架空地板设计时需要充分考虑保温隔热问题。根据
《电信专用防污设计规范》（YD/T 5003）的要求，"上下层
空气调节房间温差大于 7℃时，楼板应设保温层。"保温
材料宜选用具有不燃防火性能的保温材料。如果是设置在
地板下部的保温材料，需要注意材料上表面应光滑、不易
起皮，在与地板支架、墙角接触处应避免出现冷桥现象。
架空地板下保温安装现场图如图 5-11 所示。

（2）架空地板高度

架空地板设计高度应与设备功耗紧密结合，通过详细

图 5-11 架空地板下保温安装现场图

计算确认最终高度。图 5-12 所示为 EMERSON 能源公司提供的架空地板高度与设备功耗参
考值之间的关系。

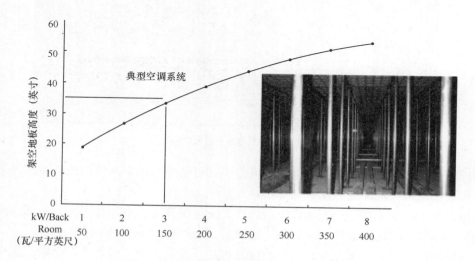

图 5-12 架空地板高度与设备功耗参考值之间的关系

另外，架空地板高度还需考虑楼层净高、走线架布置高度等因素的限制。但原则上，机房高度布置方面需优先考虑架空地板的有效净空，地板有效净高不应小于 350mm。

（3）穿孔地板送风口

穿孔地板的布置应经过充分计算。常规架空地板的送风口标称开孔率一般为 25%，也有 40%、56% 等开孔率。较高的开孔率尽管能够在给定的压力下获得较大的通风量，但是也会影响整个静压箱体的均匀性。在一个送风系统中，可以采用大、小穿孔地板搭配的方式，但需要进行充分计算。穿孔地板送风口安装效果如图 5-13 所示。

图 5-13　穿孔地板送风口安装效果图

（4）水管、导流管布置

在下送风空调安装区域，加湿、排水、冷冻水管以及导流管的安装需要进行严格定位设计。尤其是在架空地板高度较低时，需在施工前进行定位完成。水管、导流管安装现场如图 5-14 所示。

（5）漏风量

空调漏风量主要分为两部分：一部分是一些通信设备因需要下走线而造成的地板开口形成的漏风；另一部分是实际施工时，由于施工工艺、施工人员技术水平等问题造成的不密闭缝隙形成的漏风。根据以往的资料表明，总的漏风量占所有送风量的 10%～50%，甚至更多。如此大的漏风率造成了能量的严重浪费，而设备并未得到有效的降温。因此，地板漏风的问题需要在设计以及施工阶段进行详细、周密的考虑。

图 5-14　水管、导流管安装现场图

4．精确送风

随着各方对节能减排越来越重视，近几年来除了传统形式（下送风、上送风）以外，在气流组织形式上逐渐演变出很多精确定点制冷（送风）、精确送风、行间制冷等形式。

5.1.6　数据中心设计及建设中的常见问题

随着大数据时代的到来，数据中心的建设在通信机房建设浪潮中显得尤为突出。根据国外的数据中心市场研究机构——IDC 公司最近的一份报告指出，到 2016 年全球数据中心的总面积将达到 6500 万平方米。

最新 Forbes 杂志给出的全球大型数据中心排行，预计 2016 年落成的我国河北廊坊润泽国际信息港（58 万平方米）将排名第一（和五角大楼一样大小）；美国拉斯维加斯的 Switch SuperNAP 占地 200 万平方英尺，排行第三，其建设费用约 20 亿美元。

目前国内数据中心的建设呈现出以下几个特点：目前国内外的大型数据中心规模越来越大（模块化不冲突），呈现园区级别；国内原有的老旧数据机房能耗越来越大，且规划较差；各种改造机房也越来越多。

因此，"大型数据中心的常规空调系统"在建设时有着很多需要特殊注意的地方，下面我们将针对这些地方进行简单分析。

1. 冷源部分

（1）能源站

我们这里指的能源站并不单指制冷机房（冷冻机房），而是包括制冷、电力等动力站。由于该部分属于整个数据中心的能源中心，故其建设的重要性不言而喻。在能源站建设时，需要注意以下两点。

① 园区

能源站宜靠近负荷使用中心，且宜单独设置建筑体，同时建议共用能源站。

能源站属于产能中心，所有冷、电均从该处传输至负荷使用区域（IT 设备区）。如果能源中心越靠近负荷使用中心，则冷、电的传输损耗将会大大减少。

我们知道现在常用的数据中心设计规范"TIA-942"、"电子信息系统机房设计规范（GB 50174-2008）"中对制冷、电力系统的备份要求都非常高。而当整个园区多个数据中心共用能源站时，将会有一个好处：从节省成本的角度考虑，不同数据中心的能源系统可以考虑共用动力备份，从而可以减少备份系统的容量。

② 单体建筑

建议能源站设置在建筑底层或建筑主体外部。

制冷机房内存在大量的管线、阀门及设备，尤其当系统中配置有冰蓄冷或水蓄冷时，制冷系统的水容量将大大增加。此时，如果系统发现漏水或爆管状况，处理不当的话将会造成灾难性后果。例如 2013 年，某互联网公司位于香港地区的数据中心机房发生意外水管爆裂，造成整个空调系统停机，且流出的水进入机房内，对通信设备造成极其严重的影响。另外，为了避免此问题的出现，编者曾经接触过的一个建设方明确要求所有制冷机房以及蓄冷间全部移至建筑外侧。

除了空调系统水的患问题以外，油机共振问题也同样需要重点考虑。当一个超大型数据中心采用多台柴油发电机组进行备用时，一旦油机共同启动以后，其将形成巨大的共振效应。即使土建结构进行了预先处理，其共振效应仍然可能会对附近区域的机架设备产生影响，从而存在一定的风险。

因此建议，在土建建设初期，可以考虑将制冷机房以及油机房规划在数据中心底层或者是建筑单体之外。

（2）负荷特点

① 冬、夏季冷负荷基本一致易造成误解

数据中心（或通信局房）的冬、夏季冷负荷基本一致的观点并没有问题，但是此观点往往会让设计者在设计初期忽略一些细节。我们对部分已完成设计的数据中心进行分析，可以确定数据中心的"冬季冷负荷/夏季冷负荷"系数一般为 0.85～0.9。在小型数据中心中，两个冷负荷之间并没有太大的差别。但是，当数据中心规模大到一定程度后，冬、夏冷负荷的数量值就会相差很多。举一个例子，一个建筑面积 20000m²、单机架功耗 3kW/架的大型数据中心，其冬、夏冷负荷几乎相差 600RT。这种差别将会直接影响空调系统的配置方案，尤其是冬季自由冷却时冷却塔的容量配置问题。

② 初期负荷较低，需考虑不同类型机组（冷源）搭配使用

数据中心有一个特点：因为 IT 设备基本上不可能一次性全部安装到位，所以其运行初期就会存在低负荷运行状态。当负荷过低时，就会给离心机组等设备带来喘振等问题。此时就需要考虑如何选择冷源类型、容量搭配等问题。有几种方案可供参考，如"风冷冷水机组+水冷冷水机组"、"水冷冷水机组+蓄冷"。

（3）电压缩冷水机组

① 离心式冷水机组的选择

离心式冷水机组常用电压有 380V 和 10kV。根据目前国内主流厂家的配置样本分析，当制冷机组容量超过 500RT 时，就会出现 10kV 的机组选型。此时如果继续选用 380V 的机组，则会存在电压转换，势必存在电能的浪费。

另外，在变频器的使用方面需要注意：数据中心负荷并非恒定不变，尤其是在过渡季节以及大楼使用初期，大楼的负荷波动仍然存在。此时采用带有变频器的机组，仍然是节能的一个重要措施。但是同样需要注意的是，制冷容量超过 1000RT 的高压离心机组，国内目前还没有相应的配套变频器，需要从国外进口，成本较高。

② 水温的选择

前几年采用冷冻水系统的数据中心，冷冻水供回水水温基本都是 7/12℃。这几年，随着情况的改变，冷冻水水温已经逐渐提升到 10/15℃甚至 12/18℃。当冷冻水温度提升时，有几方面需要注意。虽然制冷主机的效率随着水温的升高而提高，但是末端机房空调机组的尺寸将会明显增大，使得需要更多的机房面积提供给末端机房空调使用，因而整个机房的通信装几率下降，此时就需要对整个大楼做相关经济分析，找到利益平衡点。另外，当水温升高以后，会带来另外一个好处，就是如果制冷系统采用了自然冷却技术，则高水温运行将会延长自然冷却的运行时间，从而达到更大的节能效益。

③ 机组备份形式

按照 TIA-942 中的 Tier4 级别要求，机房冷源部分需要采取 2N 备份，而且两个冷源尽量不要设置在同一个物理空间。国内 A 级数据机房中要求机组采取 N+（1，2，…，N）的备份模式。国内目前的常见做法是：当制冷机组小于 4 台时，考虑采用 4+1 备份方式，当主用机组数量超过 4 台时，则考虑设置两台以上的备机。从功能形式上来看，如果条件允许，也可以考虑采用办公空调系统作为数据中心系统的备份。

（4）冷却塔

① 断水、缺水地区需慎重考虑水系统使用问题

在采用冷却水散热的大型数据中心内，断电已经不是唯一需要面临的应急问题。随着近几年来水资源的愈发宝贵和匮乏，冷却塔不间断补水也需要格外重视。以一个 10000 个标准

机架的数据中心为例，按 3kW/机架，机房总负荷为 30000kW，设计制冷负荷不小于 10000RT，空调冷却水不小于 8000m³/h，按照数据中心常规设计要求，补水量为 1.5%，每小时耗水量为 120 吨，日耗水量约为 2880 吨，年耗水量约 105 万吨。北京某银行数据中心园区，在前期规划时并未重视园区应急补水的问题，结果在后期向相关部门上报规划时，因为园区无法提供巨大的用水量，造成整个项目的方案彻底调整，严重影响了整个施工的进度以及投资。

② 防冻问题

防冻问题一直是一个非常头疼的问题。首先看图 5-15，这是国内一个非常著名的数据中心。

图 5-15　某数据中心结冻的冷却塔

该数据中心位于寒冷地区，系统采用的是开式冷却塔。从其投入使用以来，几乎年年结冻。当风机停止运转时，由于较低的室外温度和水温，冷却塔外壳上的冷却水会迅速结冰。厚厚的冰层将严重影响冷却塔的散热工况，必须维护人员进行物理清理（处理不当时会造成外壳损坏），才能使其恢复正常运行状态。这对于要求不间断运行的数据中心有很大影响。

按照目前国内几个大型数据中心的实际运行情况来看，绝大部分严寒地区和寒冷地区的数据中心都很难在保证成本的情况下解决此问题。空调冷却水系统上设置的电伴热已经无法解决此问题。另外，需要在这里阐明一个简单的道理：在较低的室外温度下，无论是开式冷却塔还是闭式冷却塔，两种塔的外壳都会结冻。

目前，在一些重要的数据中心的设计上，会考虑采用干冷器替代部分冷却塔，以确保整个制冷系统能够在极低的室外温度下正常运行。而干冷器内部的防冻液体一般采用具有一定浓度比例的乙二醇，浓度越高，冰点越低，但是换热效率也会大打折扣。

（5）自由冷却（自然冷却）

自然冷却技术在中国已经不是一种崭新的技术。2000 年时，就有某运营商在大连的数据中心采用了这个系统。事实上，对于全年有供冷要求的 IDC 机房或通信局房，都可以采用这种免费的能源。该系统为用户节约了大量的电费，同时从中国能源战略和低碳经济的角度来讲，也是必须推广的全球领先的节能技术。目前该项技术的使用主要分为两大类，一类是水侧自然冷却，一类是风侧自然冷却。

① 水侧自然冷却

水侧自然冷却主要有两种方案，分别是冷却塔自由供冷和风冷自由冷却冷水机组。

A．冷却塔自由冷却

对于数据中心而言，由于通信设备散发大量的热量，因此需要一年四季不间断供冷。而冬季或过渡季节室外温度较低，因此对于水冷空调系统，可以考虑采用冷却塔供冷。

冷却塔供冷是国外近年来发展较快的技术，因其具有显著的经济性而逐步得到人们的广泛关注，并已成为国外空调设备厂家推荐的系统形式。

该技术主要是在常规空调水系统的基础上适当增设部分管路及设备，当室外湿球温度低至某个值以下时，关闭制冷机组，以流经冷却塔的循环冷却水直接或间接向空调系统供冷，以达到节能的目的。我们知道，冷却塔是利用部分冷却水蒸发吸热来降低水温的。冷却水理论上能降低到的极限温度为当时室外空气的湿球温度。随着过渡季及冬季的到来，室外气温逐渐下降，相对湿度降低，室外湿球温度也下降，因而冷却塔出口水温也随之降低。此时，冷却塔自由冷却模式形成。众所周知，在空调系统中，制冷机的能耗占有极高的比例，如用冷却塔来代替制冷机供冷，将节省可观的运行费用。在冷却塔供冷中也分为直接供冷和间接供冷两种方式。

a．冷却塔直接供冷

如图 5-16 所示，冷却塔直接供冷系统就是一种通过旁通管道将冷冻水环路和冷却水环路连在一起的水系统。在夏季设计条件下，系统如常规空调水系统一样正常工作。当过渡季或冬季来临时，室外湿球温度下降到某值，就可以通过阀门打开旁通，同时关闭制冷机，转入冷却塔供冷模式，继续提供冷量。需强调一点，在设计这类水系统时，要考虑转换供冷模式后，冷却水泵的流量和压头与管路系统的匹配问题。

使用开式冷却塔的直接供冷系统，因水流与大气接触易被污染，造成表冷器盘管被污物阻塞而很少使用。可通过在冷却塔和管路之间设置旁通过滤装置，使相当于总流量5%～10%的水量不断被过滤，以保证水系统的清洁，其效果要优于全流量过滤方式，因为这样环路压力无大的波动。

另外，还可以考虑选用封闭式冷却塔（冷却水与室外空气隔离）供冷，该塔可满足水系统的卫生要求，但由于它是靠间接蒸发冷却原理降温，冷却塔的传热效果要受到影响，进而会影响冷却塔供冷时数（一年中利用冷却塔供冷方式运行的小时数）。

b．冷却塔间接供冷

如图 5-17 所示，冷却塔间接供冷系统是在原有空调水系统中附加热交换器以隔离开冷却水环路和冷冻水环路。在过渡季切换运行，不会影响水泵的工作条件和冷冻水环路的卫生条件。对于多台（套）冷水机组+冷却塔的供冷系统，还可考虑采用机械制冷和冷却塔供冷两种模式混合工作的办法，通过控制台数来调节供水温度，挖掘系统的工作潜力。

提高冷却塔供冷系统的经济性，换句话说，就是通过对空调水系统的设计和优化，最大限度地利用冷却塔供冷，增加冷却塔供冷时数。影响冷却塔供冷系统经济性的因素主要有以下几点。

a．系统的供冷温度

选择合理的供冷温度，既可以满足通信机房内的环境要求，又能最大限度地增加冷却塔供冷时间，从而降低运行费用。

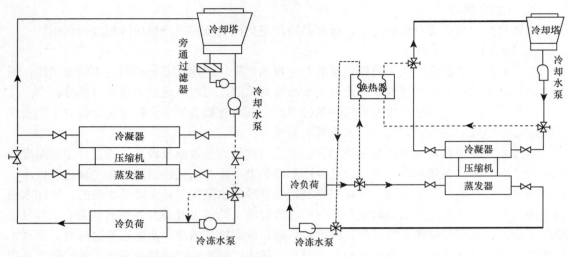

图 5-16　冷却塔直接供冷系统图　　　　　　图 5-17　冷却塔间接供冷系统图

　　b．系统设备的选择

　　合理选择冷却塔可以最大限度地增加供冷时数。在给定的室外湿球温度和通信机房冷负荷条件下，冷却塔的填料尺寸越大，其出口水温越低。如果条件允许，也可以通过串联两台冷却塔来增加冷却效果，供冷时数将显著增加。冷却塔如配备变频调速电机，可适应冬季室内负荷的波动变化。因开式水系统易被污染和水泵工作范围波动过大，所以多用换热器将两个环路隔离开，因而也需要考虑换热器的影响，一般的板式换热器温差（冷却水入口端与冷冻水出口端之间的温差）是 2℃～3℃，有的能达到 1℃多一点。在选择换热器时，要从初投资和运行费用两方面考虑。选择温差大的换热器，虽节省投资费用，但供冷效果（供冷时数）也会显著下降，需通过系统的技术经济比较来确定。

　　此外，合理选择末端设备尺寸，使初投资和运行费用两者之和达到最低，也是设计冷却塔供冷系统需要考虑的因素之一。

　　但是，冷却塔自由供冷中存在一个冷却塔冬夏季选型问题。因为如果按照冬夏工况选型，冬季散热量明显不一样，两者的比例大约是 0.8～0.84，而这个数值和冬、夏季冷负荷的比例基本接近，所以设计师可以根据这个特点进行系统设备配置。

　　B．风冷自由冷却冷水机组

　　除冷却塔自由冷却模式以外，目前比较常用的还有风冷自由冷却冷水机组。该机组的主要原理是在蒸发器的进水出旁通一套自由冷却换热盘管（即干冷器）。当环境温度（干球温度）达到比冷冻循环液（水）供液（水）温度低 2℃或以上时，即可开启免费供冷模式。另外，由于这套系统属于闭式系统，所以可以根据气候条件增加不同浓度的防冻液，避免运行中出现结冻现象。

　　② 风侧自然冷却

　　在风侧自然冷却中，目前国内主要采用的是直接通风和间接换热两种形式。在使用风侧自然冷却时，使用方主要关心的是进入机房内的空气质量。如果采用直接通风的方式，则空气中除了常规的颗粒污染，还会存在大量的 SO_2 等化学污染。按照目前市面上几个主流设备厂家的测试结果可以发现，如果进入室内的空气不进行处理，除了灰尘颗粒会带来静电危害外，SO_2 也可能与空气中的水分发生化学反应，产生强酸会腐蚀线路板。

除此之外，蒸发式制冷技术在数据中心也逐渐展开应用。蒸发冷却技术是一种利用干空气制取冷风或冷水的技术，可以根据末端的需要提供冷风或者冷水，为数据中心供冷。由于不需要使用传统的压缩机，因此其能耗较低，将这项技术应用在全年需要提供冷量的数据机房空调系统中，并配合人工冷源使用，节能潜力巨大。例如著名的 Facebook 公司，其在北美建设一处数据中心，采用的就是此项技术。但是，由于该技术对数据中心的建筑结构有一定的要求，所以如何更好地将此项技术应用在大型数据中心中是需要我们在未来仔细研究的。

采用风墙技术的现场如图 5-18 所示。

图 5-18　采用风墙技术的现场

（6）冷热电三联供

分布式能源冷热电三联供系统以天然气为主要原料，在用户侧安装发电机组发电，并通过余热回收设备回收发电所产生的废热，获得热水或者作为制冷设备的热源向用户供热、供冷，不仅清洁高效，而且作为一种独立式电源可以摆脱对电网的依赖，提高用能的可靠性。目前，发达国家已经把分布式能源作为提高用电安全性的重要手段之一大力推行。分布式能源系统是一种清洁高效的供能系统，特别是作为大电网供电的补充，可以提高用户用能的可靠性，中央及各级地方政府都把分布式能源纳入发展规划，并制定了相关的优惠政策，包括对分布式能源站和燃气空调项目单位给予一定的设备投资补贴和优惠的气价，推广分布式能源技术的应用。数据中心现有用能方式是以市电为主，辅以 UPS 及备用发电机组供电，备用柴油发电机若长时间搁置，不仅需要大量的维护费用，而且急需时往往很难启动。采用分布式能源系统则以内燃发电机供电为主、市电为备用，可以避免数据中心用能对大电网的依赖，提高用能的安全性和可靠性。数据中心现有供冷方式主要是以离心式制冷机为主，结合投资造价及系统安全方面的考虑，一般采用三/四用设一备用。分布式能源系统供冷则以溴化锂吸收式制冷机组为主，离心式制冷机为备用，系统将采用一对一备用，且为双能源相互备用，因而系统将更加安全可靠。数据中心的分布式能源站可以采用合同式能源管理方式，从投资收益来说，也是可行的。在数据中心使用冷热电三联供的分布式能源系统，可以显著降低数据中心的能耗，从而实现二氧化碳减排。以一个规划 30MW 燃气冷热电三联供项目为例，其每年运行 5840h，可以减排二氧化碳 12 万吨以上，减排率超过 40%。

三联供系统的燃料供应、电力供应和冷热供应均不是单一的路线，且各个供应路线之间相互影响、相互制约，对于同样的冷、热、电负荷需求，系统可以采取不同的配置和运行策略。同时，系统各主要设备（包括发电、制冷和供热等设备）的配置方案必然影响其运行情况，即联供系统的匹配问题涵盖了外电网与分布式供能系统的匹配、系统内部热电设备容量的匹配及设备运行策略的匹配 3 个方面，属于集成匹配问题。因此需要首先根据需求侧的负荷特征（包括冷、热、电负荷的大小）建立系统热、电、冷匹配问题的数学模型，优化系统的总配置容量问题，然后针对需求侧的负荷特征（包括冷、热、电负荷的大小和分布情况）优化系统的设备配置数量，最终通过对系统年运行情况的模拟，优化系统的运行。基于以上论述不难发现，天然气热电冷联供的系统配置具有极强的技术性和复杂性，现有的设计模式难以完成这种工作。要想推动这一技术的发展，建设具有高度专业知识的行业咨询设计单位具有重要的作用。

但是，冷热电联供的技术在数据中心使用时会遇到以下几个问题。

① 机组备份问题

由于三联供系统的能源中心是作为一个整体在运行，因此为保障数据中心的不间断运行，在采用具有高可靠性的方案时，具体的设备配置原则如下。

A. 燃气内燃发电机组作为主电源，发电设备的设置台数按照 $N+X$（主+备）考虑。

B. 双路市电备用：要求供给 IDC 机房的备用电源为双路，且两路电源不应同时被损坏。

C. 双路冗余 UPS 供电：若燃气内燃发电机组全部被损坏，切换到市电的过程中，可由 UPS 提供短暂的电源。

D. 设置备用电制冷机，在余热溴化锂制冷机组停运时，可以用电制冷机带全部冷负荷。

E. 水泵、冷却塔等台数设置均按互为备用考虑。

可以看出，三联供系统的投资是相当巨大的。

② 市电限制

数据中心本身有一套自有发电系统，但同时又需要市电系统进行备份，这就造成大量的市电容量存在闲置。一般来说，供电部门不允许这样的情况出现。因此，如何规避此问题，需要建设方提前和供电部门进行沟通。

③ 冬季自由冷却和热回收冲突

在三联供系统中，发电机组有大量的热能是供给溴化锂机组进行吸收式制冷。虽然这种方式非常省电，但是到了冬季或过渡季节，自然冷却技术的节电量将更加诱人。如果此时采用自然冷却技术就会打破对三联供系统的运行，造成大量的热能浪费，这就需要找地方去解决这部分热量。园区级且有大量供热需求的地方，遇到这种问题时可以较好地得以解决。

（7）热回收部分

数据中心在生产运行过程中会产生大量的热量，但是由于此热量基本为低品位热能，所以在使用上存在一定的难度。目前较为常用的热回收方式分为风侧热回收和水侧热回收。

① 风侧热回收

由于空气的热容较低，因此风侧的热回收需要占用大量的运输空间，其回收范围较小。一般是将热空气进行回收，直接送至需要热空气的区域。比如北欧某数据中心，共分为两层，下层为数据中心，上层部分区域为办公室。因此，设计师在系统设计时，在机房风系统上进行特殊处理，将下层数据中心的热通道热风集中回收，直接送至上层办公区域的架空地板，形成下送风制暖。

② 水侧热回收

水侧热回收是较常使用的一种方式。从建筑负荷特点以及节能角度考虑，机房拥有大量的余热再次利用。但是，由于此能源属于低品位热能，当需要求水温相对较高时，无论采用何种方式，基本上都需要靠做功形式来提高水温。常用的热回收系统方案有以下几种。

A．采用带热回收功能的冷水机组

该机组就是在冷凝器端再增加一套换热设备，将常规的冷水机组替换成带有热回收功能的冷水机组，这样既可以保证制冷正常运行，也能同时进行热量回收。对于一个 $10000m^2$ 的数据中心，其热量回收可以供带 $30000m^2$ 办公楼的采暖和洗浴。但是，由于机组冬季供热，所以无法停止主机耗电，该技术与冷却塔供冷技术有冲突。

该技术的主要优点有：系统形式简单，与常规冷水机组系统基本一致，仅需增加供热管线；无需新增机组；系统控制集成化，较为简单；系统投资增加较小。主要缺点有：如果采用机组热回收形式，则将无法抵消/使用冬季节能板换；使用该机组制热时，机组制冷量下降，耗电量增加，机组运行 COP 值下降；该种机组只有少数厂家有定型产品，其他厂家需特制，且定型产品容量较小。

B．采用热泵机组进行提升

该技术试用范围较广，主要原理是在原有空调系统的基础上增加一套热泵机组进行水温提升。其中"水源"侧引自机房冷冻水侧，这样机组可以在为供热区域供热的同时也向通信机房进行供冷，实现冷、热量转移。另外，该技术也可以与冷却塔供冷共同使用。

该技术的主要优点有：可与冬季冷却塔供冷技术共同使用；增加机房部分的供冷量；水源热泵机组品牌较多，可选范围大。主要缺点有：系统较为复杂；由于该系统类似于热泵制热，随着热负荷需求的增加，其机组耗电量也会增加；系统投资增加较多；系统控制较为复杂。

举两个案例。案例一，在西北某物流园区，包含省级仓储物流中心、通信机房楼以及辅助用房，其中仓储中心 $9000m^2$，辅助用房 $3200m^2$，两栋 $10000m^2$ 的通信机房。通过对通信机房楼的废热进行热回收以后，将其热量通过水系统供给两栋辅助用房和仓库，其中仓库供给时，直接低温水提供给仓库，使其维持在室内 5℃ 的环境温度。

另外一个案例是某大型数据中心，总面积约 8.5 万平方米，通过在冷冻水侧的热量回收，经热泵提升温度后，将其热量提供给其自身办公区、油机房的采暖使用。同时在系统预留接口，计划在后期进行热量回收后为周边的住宅小区提供冬季采暖。

（8）应急冷源

由于数据中心需要不间断供冷，当常规电力系统发生紧急停电故障状况时，空调系统受到的主要影响有以下两个方面。

① 冷水机组在正常供冷过程中遇到停电故障时会进入故障保护状态，在电力供应恢复

后，离心式冷水机组的压缩机导叶先恢复至正常开机的初始状态，再经过冷水机组控制系统对冷水循环水泵、冷却水循环水泵、冷却塔等相关部件进行巡检，并确认正常运行后，冷水机组才能正常启动。这段恢复过程所需要的时间最短需要约 1min，最长需要约 15min。

② 在常规电力系统发生故障时，备用的柴油发电机组可以紧急启动提供后备电力，从柴油发电机组启动至稳定供电所需时间约为 3min。

这两方面的原因导致了空调系统在电力系统发生故障时会有一个供冷不足的时段。为了能很好地解决这一安全隐患，在空调系统中可通过设置蓄冷设施、储备备用冷量来解决。

当冷量以显热或潜热形式存储在某种介质中，并能够在需要时放出冷量的空调系统称为蓄冷空调系统，简称蓄冷系统。蓄冷空调系统主要有冰蓄冷空调系统和水蓄冷空调系统两种。通过制冰方式，以相变潜热存储冷量，并在需要时融冰释放出冷量的空调系统称为冰蓄冷空调系统，简称冰蓄冷系统；利用水的显热存储冷量的系统称为水蓄冷空调系统，简称水蓄冷系统。

单从应急冷源这个作用来看，水蓄冷系统在数据中心的运用中主要有以下优势。

① 水蓄冷系统可与原空调系统"无缝"连接，无需再额外配置蓄冷冷源或对原系统用冷水机组进行调整。

② 水蓄冷系统的冷水温度与原系统的空调冷水温度相近，可考虑直接使用，不需设置额外的设备对冷水温度进行调整。

③ 水蓄冷系统控制简单，运行安全可靠，在出现紧急状况时可及时投入使用。

数据中心设备负荷的加载是一个渐进的过程，因此在数据中心的运行初期，蓄冷系统完全可以考虑用于节能运行，其运行模式为：夜间制备冷水一日间投入运行。在有合理分时峰、谷电差价的地区，夜间利用低谷电蓄冷罐进行蓄冷，白天利用蓄冷罐夜间存储的冷量进行放冷。由于蓄冷罐的蓄冷量约为整个空调系统 20min 的蓄冷量，而数据中心刚开始运行时的设备负载可能只有设计负荷的 20%以下，单个蓄冷罐至少可以保证系统运行初期 100min 的运行，如采用两路供冷水的系统，设置有两个蓄冷罐，可以保证空调的运行时间更长。这样可以有效减少冷水机组的开启时间，对于大型的数据中心，由于冷水机组的容量都比较大，节能的效果是非常明显的。

离心式压缩机属于速度压缩型，不能直接提高吸入冷媒气体的压力，而是将吸入冷媒气体的速度提高。压缩机排气口的高速冷媒在进入冷凝器之前经过扩压器，将冷媒气体的速度动能转化为压力势能（速度减小、压力提高）。当负荷减小到一定程度时，冷媒流量减少；如果压缩机出口扩压器的形状不可调节，则冷媒气体就不能提升到高于冷凝压力的压力值，此时冷媒循环压差不足，造成压缩机出口冷媒剧烈紊流，震动加剧，即发生喘振的现象，严重时会损坏压缩机。而由于数据中心空调负荷的特性，初始运行时设备负荷很小，冷水流量有可能会低于单台冷水机组额定流量的 15%。当这种情况发生时，可以停止冷水机组，利用蓄冷罐进行供冷，起到保护冷水机组的作用。

（9）水系统管路

① 采用双管路还是环路

由于管路系统是整个制冷系统的"血脉"，在运行中不允许出现爆管或者堵塞的现象，因此管路系统与冷源系统一样，均需要备份。在 TIA942 这个标准中明确要求制冷系统采用双管路系统，但是该方案也存在管线投资过高等问题。针对这个问题，近几年来也出现了采用多段阀环路的方式，而且此方式在国外非常流行，具体形式见图 5-19。

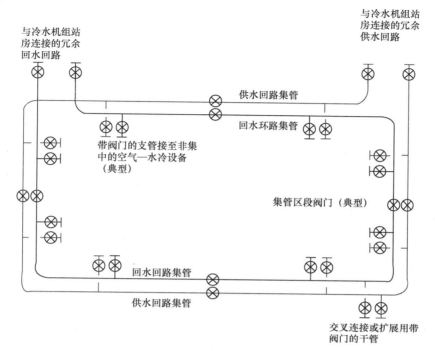

图 5-19　多段阀环路系统图

此形式类似于消防环路的方式。虽然这种方式减少了管材的使用，减小了投资，但是该系统的调试以及水力计算问题都较为复杂。

不管以哪种管路系统备份形式，都要达到无单点故障且可在线维修的目的。

② 双管路系统的注意事项

如果采用完全双管路 2N 备份且每路管线设计容量均为 100%，则管材消耗非常大。建议可以考虑单系统管路按照满足总负荷 70%～75%的容量计算，且平时按照热备份方式运行。

如果采用双管路、四管制的方案，需要注意目前大多数末端机房精密空调厂家的设备都为单盘管。因此在设备末端接管时，一定要注意是将四管合成两管还是四管进入机组。

（10）机房风量

目前数据中心单机柜用电量从最初设计容量 4kW 以下，逐渐提高到 8kW、11kW，乃至20kW，这对空调的送风和散热能力提出了更高的要求。

高热密度机柜会带来两大问题：一是按传统空调设计方式，其机柜本身散热难以满足，可能威胁设备安全；二是为了保证高密度机柜的安全运行，机房维护中往往不得不大幅降低机房整体空调温度，从而造成其余地区过冷和空调能耗浪费。

当机房内单机柜功耗小于 8kW 时，通过上送风精确送风或下送风节能机柜基本可以解决机柜冷却和热岛问题。此时建议将个别功耗偏大的机柜分散放置，防止局部地区冷风量不足。

单机柜功耗 8kW 以上的高热密度服务器机柜应安排在高密度区，采用通风性能相当的大通风量机柜，机柜深度应不小于 1200mm。

根据单机柜发热量的不同，按机柜内允许温升 10℃、空气平均密度 1.17kg/m³、机柜内部通风截面积为机柜正面面积的 30%估算，机柜冷却所需风量和风速见表 5-4。

表 5-4 机柜冷却所需风量和风速

单机柜发热量（kW）	机柜内允许温升（℃）	单机柜所需风量		风速（m/s）	
		（CMS）	（CMH）	正面尺寸（2200mm×600mm）	正面尺寸（2200mm×800mm）
8	10	0.679	2444	1.29	0.96
10	10	0.849	3056	1.61	1.21
12	10	1.019	3667	1.93	1.45
14	10	1.188	4278	2.25	1.69
16	10	1.358	4889	2.57	1.93
18	10	1.528	5500	2.89	2.17
20	10	1.698	6111	3.21	2.41

可以得出如下建议。

① 对于单机柜发热量较高的机柜，其冷却所需风量较大，应采用正面进风、背面排风的方式以控制机柜内的风速。当单机柜发热量接近 20kW 时，建议采用 2200mm×800mm×1200mm 尺寸的机柜。

② 对于高热密度机柜，为控制单机柜风量，机柜内允许温升较大，因此对进风温度需要进行一定的控制。为兼顾节能，设计高密度机柜的进风温度，建议选取以下两者中的较高者：保证当单机柜风量控制在 4000CMH 以下时，机柜排风不超过 30℃ 的进风温度；或者：20℃。

③ 高密度区建议采用冷通道封闭的冷热通道隔离措施。当整条送风通道两侧机柜所需风量在 30000CMH（该数据按当前常用专用机柜最大风量 25000CMH 左右考虑，并考虑空调备份要求）以内时，可直接采用普通机房精密空调进行供冷，但应注意送回风通道的风速控制和空间要求。当整条送风通道两侧机柜所需风量大于 30000CMH，或无足够的送回风通道空间时，应考虑采用通过冷媒将冷量直接送到机柜的供冷方式。

（11）热管空调、冷热通道隔离等需要注意的问题（冷热通道的顶部和消防部分的控制）

热管空调是这几年来在机房空调中比较新兴的一种产品。其优点就是节能性强，但是其目前使用的几个障碍是，此类产品的二次扩容性较差，而且由于其大多采用背板形式，因此它的安全性仍有待实际案例检验。

冷热通道封闭的技术已经逐渐在大型数据中心中作为常规化配置。在这里需要重点强调该套设备与消防之间的关系，因为在大多数使用有官网的气灭系统的数据机房中，气体灭火量也是按照一个防火分区计算的。但是，当冷热通道封闭后，则会产生一些问题：喷头是否要伸入到封闭通道内，其气体计算量该按照几个分区进行。建议遇到此问题时，首先要先和当地消防管理部门进行沟通，其次，如果没有明确限制，可仍然按照一个大的防火分区进行气灭设计，然后封闭吊顶将采用与消防联动的控制方式。这样当火灾发生时，封闭吊顶可以自动打开，保证惰性气体进入灭火区域。

5.2 消防系统

5.2.1 机房消防的特点及要求

通信设备机房、电池电力室和变配电房发生火灾通常由如下几种因素造成。

（1）静电产生火灾

通信设备的运行及工作人员所穿的衣服等都能产生静电。如果机房接地处理不当，形成高电位，就会发生静电导电现象，极易产生火花并引燃周围可燃物发生火灾。

（2）可燃材料

机房内使用或存在可燃材料。

（3）电气线缆故障

电气线路短路、过载、接触电阻过大等引发火灾。

（4）雷击

雷击等强电侵入导致火灾。

（5）其他设备故障

由于机房内的用电设备（非负载设备）始终处于 24 小时的工作状态，容易疲劳和老化。机房内配电系统、用电设备、电脑、UPS 系统、空调等设备故障都可能引发火灾。

（6）外部因素

数据中心（机房）外部的其他建筑物起火，由于机房建筑与其他建筑之间的距离较近，或与其他用途房间同在一幢建筑物中，在其他建筑物或其他用途房间起火时，火势通过机房外部的维护结构、门窗及通风管道蔓延至机房。

通信机房发生的电气火灾一般具有如下两个特点。初期火灾，以浓烟为主，温度较低；具有遮挡性，易复燃；火灾烟气含有大量 CO、HCl、HF 等有腐蚀性的气体，极易在电气柜中蔓延，腐蚀电缆、电气开关、电路板等，造成二次灾害。并且通信机房具有设备价值高、火灾危害大、通信不可中断、自动化程度高、无人值守等特点，要求采用的灭火剂不得对通信设备有污损，不影响通信设备的运行。通信机房一般采取以下消防配套措施：设置灭火器；设置灭火系统；设置火灾自动报警系统（见 5.2.4 节）。下面主要讨论通信机房采用较多的气体消防系统。

灭火器配置：通信机房属于灭火器配置的严重危险级场所，应采用可扑救带电火灾的灭火器，所采用的灭火剂不得对通信设备有损害。机房内手提灭火器的设置应符合现行国家标准《建筑灭火器配置设计规范》（GB 50140）的有关规定。

灭火系统：应根据机房的等级设置相应的灭火系统，机房常见的气体灭火系统（剂）有管网灭火系统有烟烙烬（IG541）、七氟丙烷（FM200）、三氟甲烷（HFC-23）、二氧化碳（CO_2）等。预制灭火系统常用的有七氟丙烷（FM200）、三氟甲烷（HFC-23）、二氧化碳（CO_2）、热气溶胶等。用于机房的水灭火系统有自动喷水灭火系统（宜采用预作用灭火系统）、高压细水雾灭火系统。目前国内除柴油机房采用水喷雾和少数通信机房采用高压细水雾灭火系统外，绝大部分通信机房还是采用气体灭火系统。

气体灭火系统的灭火剂及设施应采用经消防检测部门检测合格的产品。各种气体灭火系统的设计及安装应符合相应的国家标准。凡设置洁净气体灭火系统的主机房，应配置专用空气呼吸器或氧气呼吸器。自动喷水灭火系统的喷水强度、作用面积等设计参数应按照现行国家标准《自动喷水灭火系统设计规范》（GB 50084）的有关规定执行。电子信息系统机房的自动喷水灭火系统应设置单独的报警阀组。

火灾自动报警系统：电子信息系统机房应设置火灾自动报警系统，并应符合现行国家标准《火灾自动报警系统设计规范》（GB 50116）的有关规定。采用管网式洁净气体灭火系统或高压细水雾灭火系统的主机房，应同时设置两组独立的火灾灭火探测器，且火灾探测器应与灭火系统联动。 灭火系统控制器应在灭火设备动作之前，联动控制关闭机房内的风门、风阀，停止空调机、排风机，切断非消防电源。机房内应设置警笛，机房门口上方应设置灭火显示灯，灭火系统的控制箱（柜）应设置在机房外便于操作的位置，且应有保护装置防止误操作。

5.2.2 气体灭火系统的设置场所

灭火系统的设置场所应参照现行的《建筑设计防火规范》（GB 50016）、《高层民用建筑设计防火规范》（GB 50045）、《电子信息系统机房设计规范》（GB 50174）、《中国电信 IDC 机房设计规范》（暂行）（DXJS 1029-2011）的相关规定。

1.《建筑设计防火规范》（GB 50016）

第 8.5.5 条规定，下列场所应设置自动灭火系统，且宜采用气体灭火系统：

（1）国家级、省级或人口超过 100 万的城市广播电视发射塔楼内的微波机房、分米波机房、米波机房、变配电室和不间断电源（UPS）室；

（2）国际电信局、大区中心、省中心和 10000 路以上的地区中心内的长途程控交换机房、控制室和信令转接点室；

（3）20000 线以上的市话汇接局和 60000 门以上的市话端局内的程控交换机房、控制室和信令转接点室；

（4）中央及省级治安、防灾和网局级及以上的电力等调度指挥中心内的通信机房和控制室；

（5）主机房建筑面积大于等于 140m² 的电子计算机房内的主机房和基本工作间的已记录磁（纸）介质库；

（6）其他特殊重要设备室。

注：当有备用主机和备用已记录磁（纸）介质，且设置在不同建筑物中或同一建筑物的不同防火分区内时，本条第 5 款规定的部位亦可采用预作用自动喷水灭火系统。

2.《高层民用建筑设计防火规范》（GB 50045）

第 7.6.6 条规定，高层建筑内的下列房间应设置除卤代烷 1211、1301 以外的自动灭火系统：

（1）燃油、燃气的锅炉房、柴油发电机房宜设自动喷水灭火系统；

（2）可燃油油浸电力变压器、充可燃油的高压电容器和多油开关室宜设水喷雾或气体灭火系统。

第 7.6.7 条规定，高层建筑内的下列房间应设置气体灭火系统：

（1）主机房建筑面积不小于 140m² 的电子计算机房中的主机房和基本工作间的已记录磁（纸）介质库；

（2）省级或超过 100 万人口的城市，其广播电视发射塔楼内的微波机房、分米波机房、米波机房、变、配电室和不间断电源（UPS）室；

（3）国际电信局、大区中心、省中心和 10000 路以上的地区中心的长途通信机房、控制室和信令转接点室；

（4）20000 线以上的市话汇接局和 60000 门以上的市话端局程控交换机房、控制室和信令转接点室；

（5）中央及省级治安、防灾和网局级及以上的电力等调度指挥中心的通信机房和控制室；

（6）其他特殊重要设备室。

注：当有备用主机和备用已记录磁（纸）介质，且设置在不同建筑物中或同一建筑物的不同防火分区内时，第 1 条中指定的房间内可采用预作用自动喷水灭火系统。

3.《电子信息系统机房设计规范》（GB 50174）

第 13.1 条规定：

（1）电子信息系统机房应根据机房的等级设置相应的灭火系统，并按照现行国家规范《建筑设计防火规范》（GB 50016）、《高层民用建筑设计防火规范》（GB 50045）和《气体灭火系统设计规范》（GB 50370），以及本规范的相关规定。

（2）A 级电子信息系统机房的主机房应设置洁净气体灭火系统。B 级电子信息系统机房的主机房以及 A 级和 B 级机房中的变配电、不间断电源系统和电池室宜设置洁净气体灭火系统，也可设置高压细水雾灭火系统。

（3）C 级电子信息系统机房以及本规范第 2 条和第 3 条中规定区域以外的其他区域，可设置高压细水雾灭火系统或自动喷水灭火系统。自动喷水灭火系统宜采用预作用系统。

各级电子信息系统机房消防技术要求见表 5-5。

表 5-5　　　　　　　　　　各级电子信息系统机房消防技术要求

项目	技术要求			备注
	A 级	B 级	C 级	
消防				
主机房设置洁净气体灭火系统	应	宜		采用洁净灭火剂
变配电、不间断电源系统和电池室设置洁净气体灭火系统	宜	宜		
主机房设置高压细水雾灭火系统		可	可	
变配电、不间断电源系统和电池室设置高压细水雾灭火系统	可	可	可	
主机房、变配电、不间断电源系统和电池室设置自动喷水灭火系统			可	采用预作用系统

4.《中国电信 IDC 机房设计规范》（暂行）（DXJS 1029-2011）

第 11.0.1 条，IDC 应根据机房级别设置相应的灭火系统，并按照现行国家标准《建筑设计防火规范》（GB 50016）、《高层民用建筑设计防火规范》（GB 50045）、《电子信息系统机房设计规范》（GB 50174）相关条文的规定执行。

第 11.0.2 条，IDC 机房、电池电力室（含 UPS 和电池室）、变配电房和发电机房应设置洁净气体灭火系统。

图 5-20　施工中的设置消防管网的通信局房

5.2.3　机房气体灭火系统的选型

1. 气体灭火系统的选择

通信机房的气体灭火系统通常采用全淹没气体消防系统，分为管网灭火系统和预制灭火系统：管网灭火系统常用的有烟烙烬（IG541）、七氟丙烷（FM200）、三氟甲烷（HFC-23）、二氧化碳（CO_2）等；预制灭火系统常用的有七氟丙烷（FM200）、三氟甲烷（HFC-23）、二氧化碳（CO_2）、热气溶胶等。

管网灭火系统适合对 2 个及以上防护区进行保护，保护区数量越多（一套组合分配系统最多 8 个），其系统的单位造价就越低，维护管理费用也越低，适用于防护区相对集中（各种气体都有输送距离的限制）的机房；预制灭火系统则是针对单一防护区的消防系统，防护区数量越多，其系统整体造价将越高，维护管理费用也越高，适用于防护区数量较少且相对分散的机房，也用于无法设置气体钢瓶间的改造机房。

二氧化碳管网灭火系统的灭火浓度高，效率低，窒息作用对人体有致命危害，因而在通信机房新建的灭火系统中不推荐采用；当管网系统的输送距离为 30～45m 时，可采用七氟丙烷（FM200）；当管网系统的输送距离在 60m 内时，可采用三氟甲烷（HFC-23）；当管网系统的输送距离为 60～150m 时，可采用 IG541（烟烙烬）。

二氧化碳（CO_2）预制灭火系统不建议采用；S 型热气溶胶预制灭火系统可用于通信局房，建议用于配电房、自备发电机房等通信机房以外的场所，K 型及其他型热气溶胶预制灭火系统不得用于电子计算机房、通信局房等场所；通信局房通常采用七氟丙烷（FM200）、三氟甲烷（HFC-23）预制灭火系统。

2. 气体灭火系统防护区的划分规定及相关要求

防护区是满足全淹没灭火系统要求的有限封闭空间。喷放灭火剂前，防护区内除泄压口外的开口应能自行关闭。

防护区的划分应符合以下规定：防护区宜以单个封闭空间划分；同一区间的吊顶层和地板下需同时保护时，可合为一个防护区；采用管网灭火系统时，一个防护区的面积不宜大于

$800m^2$，且容积不宜大于 $3600m^3$；采用预制灭火系统时，一个防护区的面积不宜大于 $500m^2$，且容积不宜大于 $1600m^3$。

气体灭火系统的防护区应达到以下要求：机房防护区的围护结构及门、窗的耐火极限不应低于 0.5 小时，吊顶的耐火极限不应低于 0.25 小时，围护结构及门、窗的允许压强不宜低于 1200Pa；防护区的门应向疏散方向开启，并能自行关闭，用于疏散的门必须能从防护区内打开；防护区应设置泄压口，并宜设在外墙上，其高度应大于防护区净高的 2/3，防护区设置的泄压口宜设在外墙上，泄压口面积按相应气体灭火系统设计规定计算；防护区应设置通风换气设施，可采用开启外窗自然通风、机械排风装置的方法，排风口应直通室外。

3．存储装置的规定及相关要求

管网灭火系统的存储装置宜设在专用储瓶间内，储瓶间设置的位置应根据管网系统的输送距离确定，同一钢瓶间可设置一套或一套以上组合分配系统的储瓶。

储瓶间宜靠近防护区，并应符合建筑物耐火等级不低于二级的有关规定及有关压力容器存放的规定，且应有直接通向室外或疏散走道的出口；储瓶间的门应向外开启，储瓶间内应设应急照明；储瓶间应有良好的通风条件，地下储瓶间应设机械排风装置，排风口应设在下部，可通过排风管排出室外。储瓶间和设置预制灭火系统的防护区的环境温度应为–10℃～50℃。

管网灭火系统储瓶间的面积与采用的灭火系统、防护区的体积及设计采用储瓶的容积有关，在工艺阶段，七氟丙烷（FM200）和三氟甲烷（HFC-23）储瓶间的面积，按照一套组合分配系统 25～35m^2 的面积估算；IG541（烟烙烬）储瓶间的面积，按照一套组合分配系统 50～70 m^2 的面积估算。

4．常见气体灭火系统的比较

目前国内外比较常见的气体灭火系统（剂）有：二氧化碳（CO_2）、七氟丙烷（FM200）、三氟甲烷（HFC-23）、烟烙烬（IG541）、气溶胶灭火系统（装置）、细水雾灭火系统。本书就目前已经使用和尚未推广使用的几种新型灭火剂和灭火系统进行比较和分析，找出各种产品的优缺点，提出产品的研制方向和应用选择。

（1）二氧化碳灭火剂和灭火系统

二氧化碳的灭火原理：气体二氧化碳在高压或低温下被液化，喷放时，气体体积急剧膨胀，同时吸收大量的热，可降低灭火现场或保护区内的温度，并通过高浓度的二氧化碳气体稀释被保护空间的氧气含量，达到窒息灭火的效果。

二氧化碳灭火剂及灭火系统的优点：由于二氧化碳容易被液化，因此很容易罐装、存储，制造技术上的难度小，同时其价格较为便宜，灭火时，不污染火场环境，对保护区内的被保护物不产生腐蚀和破坏作用，不仅可以扑救 A、B、C 类火灾，还能在高浓度下扑救固态深位火灾，所以在扑救水和泡沫灭火剂无法保护的场所，显示了较好的功能。

二氧化碳灭火剂及灭火系统的缺点：因二氧化碳灭火剂扑救火灾时需要 34%～75%的灭火浓度，所以二氧化碳灭火系统必须要使之液化才便于存储、运输，通常采用高压存储的高压系统和低温存储的低压系统。在实际应用中，高压存储需要的瓶组数多，储瓶间占地面积大，同时压力过高，对存储环境的温度要求比较严格，在夏季，尤其需要注意其因存储环境温度升高而导致的钢瓶爆炸的危险。所以，在设计时，一般要求储瓶间不可被阳光直接照射。另外，二氧化碳高压灭火系统还需要高压氮气驱动方能实现系统的自动启动，一方面投资费用提高，另一方面，由于附属配件多，系统发生故障的几率增加，给维护带来困难，同时，由于高压存储，年泄漏率达到 5%左右，在每年的补压上也存在相当的困难。应用低压系统则需要将温度降低到−20℃～−18℃才能实现液化，所以需要外设制冷设备，造价相对高压钢瓶来说有所增加，同时由于低压系统的本身二氧化碳从液态气化的过程中容易形成"干冰"，而干冰又能直接升华成气体，在升华的过程中，气体的体积成千上万倍地剧烈膨胀，对输送管道形成严重的破坏，这在上海大众汽车厂、上海宝山钢铁厂的应用中已得到验证。加之气体在膨胀过程中还能产生静电，有可能引起火灾；另外，使用二氧化碳的设计浓度太高，还有可能使未能从防护区安全撤离的人员发生窒息死亡。所以，二氧化碳灭火系统对经常有人停留或工作的场所不可设计、使用，其在应用选择上要予以慎重、全面的考虑。

（2）七氟丙烷（FM200）灭火系统

FM200 的基本情况：七氟丙烷 HFC227ea 的化学分子式为 CF3CHFC3。FM200 是一种较为理想的哈龙替代物，对大气臭氧层没有破坏作用，消耗大气臭氧层的潜能值 OPD 为零，但有温室效应，其潜能值 GWP=2050。FM200 有很好的灭火效果，并被美国环境保护署推荐，得到美国 NFPA2001 及 ISO 的认可。

FM200 的灭火机理：FM200 的灭火机理与卤代烷系列灭火剂的灭火机理相近，属于化学灭火范畴，通过灭火剂的热分解产生氟的自由基，与燃烧反应过程中产生支链反应的 H+、OH−、O2+活性自由基发生气相作用，从而抑制燃烧过程中的化学反应来实施灭火。

FM200 灭火系统的优点：FM200 具有良好的灭火效率，灭火速度快，效果好，灭火浓度低（8%～10%），基本接近哈龙 1301 灭火系统的灭火浓度（5%～8%）。

FM200 灭火系统的缺点：作为哈龙替代物，除了要考虑替代物本身的环保效应，也要考虑替代物本身的急性毒性和灭火时产生的其他物质对保护对象的破坏作用。

毒性指标可以用下列几个指标来衡量，即 NOAEL、LOAEL、LC50。

NOAEL：是未观察到不良反应的最高浓度，在此浓度下，动物实验时，被实验动物未出现可以观察到的不良反应。任何灭火剂的设计浓度小于 NOAEL 时，可以认为适用于有人区域或工作现场。

LOAEL：是可以观察到有害作用的最低浓度，在此浓度下，动物实验时，被实验动物出现可以观察到的毒性反应。

FM200 与哈龙 1301 的毒性比较见表 5-6。

表 5-6　　　　　　　　　　　　　FM200 与哈龙 1301 的毒性比较

项目\名称	符号代码	杯式燃烧法浓度	设计浓度（%V/V）	NOAEL（%V/V）	LOAEL（%V/V）
哈龙 1301	1301	3.0	5.0	5.0	9.5
FM200	227	5.8	8～10	9.0	10.5

大量的实验证明，含氟卤代烷灭火剂在灭火现场的高温下，会产生大量的氟化氢（HF）气体，经与气态水结合，形成氢氟酸（白雾状）。氢氟酸是一种腐蚀性很强的酸，对皮肤、皮革、纸张、玻璃、精密仪器有强烈的酸蚀作用。美国海军实验室和美国航天航空局对 FM200 做了大量的研究，对不同规模和喷放时间的火灾进行了实验，观测出哈龙 1301 与 FM200 的灭火时间和灭火时产生的 HF 的浓度。以下数据是美国航天航空局用 FM200、哈龙 1301 灭火

剂在 1.2m³ 的分隔空间里进行试验的结果（灭火剂的浓度是杯式燃烧法浓度的 1.2 倍）。

表 5-7　　　　　　　　　FM200、哈龙 1301 灭火剂的试验结果对比

灭火剂＼实验条件	火灾规模（kW）	喷放时间（s）	灭火时间（s）	最大 HF 含量（ppm）
HALON1301	0.8	5.0	11.0	195
HALON1301	1.9	4.8	3.0	161
HALON1301	4.0	5.0	6.5	434
HALON1301	0.8	3.0	2.9	88
HALON1301	1.9	3.3	2.5	161
HALON1301	4.0	2.8	3.2	322
FM200	0.8	8.5	5.8	572
FM200	1.9	7.7	7.0	1001
FM200	4.0	8.7	6.7	2520
FM200	0.8	5.3	3.2	408
FM200	1.9	5.0	3.5	762
FM200	4.0	5.0	4.3	1962

　　从实验结果可以看出：FM200 灭火系统随着火灾规模的变大和喷放时间的延长，产生的 HF 浓度越高，对精密仪器和设备的酸蚀作用越强，对人的皮肤的腐蚀作用随之增强。同时，因 FM200 在喷放时产生"白雾"，也具有腐蚀性，在气体扩散的过程中具有更大的危害性。

　　M200 自身的设计要求：因 FM200 的存储压力为 2.5/4.2MPa，要求喷嘴的工作压力不小于 0.8MPa，输送距离不宜大于 30m（2.5MPa）/45m（4.2MPa），所以输送距离受到很大的限制，应用于组合分配系统，特别是保护区多、输送距离要求长的工程，往往不能满足。

　　由此可见，FM200 在有人场所、精密仪器场所和远距离输送场所的使用必须加以注意，对高温裂解的产物 HF 应给予重视，以免造成损失。

　　七氟丙烷灭火系统设备外形如图 5-21 所示。

图 5-21　七氟丙烷灭火系统设备外形

（3）三氟甲烷气体灭火系统

三氟甲烷灭火剂及灭火系统的基本情况：三氟甲烷不含有氯和溴原子，对大气臭氧层的耗损潜能值为 0，这一性质完全符合环保要求，而且它也是一种对人体无害的洁净气体。三氟甲烷具有无色、微味、不导电等特点，密度大约是空气密度的 2.4 倍。

三氟甲烷灭火机理：三氟甲烷以物理和化学方式进行灭火，主要是降低空气中的氧气含量，使空气不能支持燃烧，从而达到灭火的目的。在实际灭火中，灭火所需的三氟甲烷药剂量并未使空气中的氧气达到助燃点以下（例如，当灭火浓度为 18%时，空气中的氧含量为 17.8%），这一点可认为在灭火过程中伴有化学反应，即灭火剂可能分离有破坏燃烧链反应的自由基。

三氟甲烷灭火系统的优点：与二氧化碳相似，三氟甲烷的蒸气压力较高，但其液体密度较大，灭火浓度较 CO_2 低，两种灭火剂的存储容器等级相近；与二氧化碳和七氟丙烷相比较，三氟甲烷的沸点低得多，只有–82℃，因此这种灭火系统对装置的存储间的要求就不会像二氧化碳、七氟丙烷那么苛刻，存储间的最低室温由其他灭火系统的 0℃可以下降至–20℃，这对于我国北方的广大区域和一些野外地区具有更好的适用性。另外，三氟甲烷（HFC-23）的毒性极低，国内外研究机构对三氟甲烷的毒性进行了研究，得出以下结果：三氟甲烷（HFC-23）在化学和生物上都是非活性的，从动物短期和长期吸入包括组织测试表明，它对动物的影响比哈龙 1301 小。1992 年杜邦公司资助了一项在犬类身上的心脏致敏性试验研究，把犬放在三氟甲烷（HFC-23）含量达 50%的环境中停留 5 分钟，犬没有任何心律不齐情况发生。甚至在体积含量达到 80%时，仍不至于导致动物的心脏敏感。但如果是那么高的浓度的二氧化碳，保护区内的人员已经全部窒息，没有生存的可能性，而三氟甲烷（HFC-23）就可以给出很宝贵的几分钟时间来逃生。并且从实际灭火试验可以看出，三氟甲烷（HFC-23）的灭火速度比二氧化碳和 IG541 要快得多，可以说瞬间就将火熄灭，而二氧化碳和 IG541 最起码要一分半钟的时间才能将火势逐渐压下去，能够看到火势是逐渐小下来，最后才灭掉。与七氟丙烷灭火剂比较，在火灾现场，三氟甲烷产生的氢氟酸要比七氟丙烷少，对人的刺激小，如果在规定的 10s 内系统能够喷放完，在试验现场几乎闻不到刺激性味道，对电路板等精密设备的损害小，并且三氟甲烷（HFC-23）灭火剂在制造工艺上比七氟甲烷简单，原料的价格也比七氟甲烷（HFC-227）便宜，因此三氟甲烷（HFC-23）灭火剂批量生产以后其总体成本低于七氟丙烷（HFC-227）。

三氟甲烷灭火系统的缺点：因三氟甲烷的存储压力为 4.7MPa，输送距离不宜大于 60m，所以输送距离受到限制，应用于组合分配系统，特别是保护区多、输送距离要求长的工程，要引起注意。

在工程应用方面，目前国内尚无统一的设计规范，已有消防公司在试验的基础上制定了企业标准《三氟甲烷自动灭火系统设计规范》提供给设计院作为依据进行设计。广西、江苏、北京等地消防局组织编制各地地方设计规范，使三氟甲烷的工程应用有了一定的参考依据，有利于三氟甲烷自动灭火系统在全国的迅速推广。

（4）烟烙烬灭火系统

烟烙烬灭火剂及灭火系统的基本情况：烟烙烬的最早应用是作为美国军方的战地急救气，20 世纪 80 年代由美国安素公司研制、开发，并作为灭火剂投入市场。烟烙烬是一种惰性气体灭火剂，得到了美国 UL-1058 标准的认可，可作为卤代烷灭火剂的替代产品，它由 52%的氮气、40%的氩气和8%二氧化碳组成。

烟烙烬的灭火原理：通过对一个封闭空间喷入大量的气体后，降低空气中的氧气含量，从而达到窒息灭火的目的。当烟烙烬气体依规定的设计灭火浓度喷放于需要保护的区域中时，可在1分钟之内将区域内的氧气迅速降至12.5%，在这样低的氧气浓度下，由于保护区域中的二氧化碳浓度已从自然状态下的低于1%提高到4%，促使人的呼吸速率比平时快，可以在单位时间内吸入更多的氧气以维持正常的生命所需。至于其中的氩气，还具有加强烟烙尽气体在所保护区域中的流动性，进一步提高灭火效率。

烟烙烬的优点：烟烙烬在燃烧过程中基本不分解，对人体基本无害，是一种"洁净"气体。由于其成分均为大气中的天然成分，因此喷放后在火灾现场无任何残留，同时其灭火速度快，不污染被保护物品，对大气臭氧层无破坏作用，是一种绿色环保的灭火剂，工作压力高达15MPa，最大输送距离可达150m，在许多大型保护区被推广使用。

烟烙烬的缺点：因为烟烙烬是靠窒息作用灭火，其设计浓度为37.5%～42.8%，工作压力高达15MPa，对存储容器压力要求高，若充气含水分或是钢瓶不合格都会发生钢瓶爆炸事件，这种事件在某些通信机房已有发生。而且，烟烙烬的系统造价在所有的消防设备中价格最为昂贵，无论是灭火剂的价格、存储容器，还是释放的管路，都需要大量的资金。同时，因为其存储压力太高，产品本身就受到环境温度的制约，在我国推广尚需时日。目前国内也有厂家开发了烟烙烬的替代产品，但在装备和技术上尚不成熟，不具备推广价值和能力。

烟烙烬（IG541）灭火系统设备外形如图5-22所示。

（5）气溶胶灭火系统（装置）

气溶胶的基本情况：气溶胶用作灭火剂是近30年才被人们所认识、发现和重视，可分为冷气溶胶和热气溶胶两种。目前国内广泛使用的气溶胶为热气溶胶，它是通过含能灭火剂的燃烧，产生大量的固体微粒和部分气体，均匀分布在空间内，形成气溶胶，达到快速、高效地抑制火

图5-22　烟烙烬（IG541）灭火系统设备外形

灾的目的。因热气溶胶在推广应用中存在"高温、有毒、微粒悬浮时间长"的缺陷问题，英国 KIDDE 公司的研究人员改变了现有的热气溶胶形成和制备同步进行的方式，将气溶胶微粒研究的制备与形成气溶胶分步进行，即：先将灭火剂干粉溶于水，形成水溶液，通过喷雾干燥使其产生1～3μm的超细粉末，再罐装密封存储，然后加压外喷形成气溶胶而快速灭火。这就是目前国外气溶胶研究的"非高温气溶胶灭火技术"，也称"冷气溶胶"。

气溶胶的灭火原理：固体微粒在高温下产生的金属阳离子与燃烧反应过程中产生的活性自由基团发生反应，以切断化学反应的燃烧链，抑制燃烧反应的进行，达到化学灭火的效果。利用固体微粒（主要为钾盐）分解过程中产生的水来吸热降温。

气溶胶灭火装置的优点：气溶胶灭火剂由于粒度小，可以绕过障碍物并在火灾现场较长时间地停留，且表面积大，有很好的灭火效果，既可以用于相对密闭的空间，又可用于开放空间。尤其因为气溶胶灭火剂为含能材料，其本身不需要动力驱动，在制造成本上相对于其他灭火系统有优势，但目前市场上广泛使用的气溶胶灭火剂的稳定性还很差，必须经过完善，方能更好地推广。

气溶胶灭火装置的缺点：产物为气固两相流，无法进行组合分配的有管网系统的设计，对气体保护区域、空间大的场所综合造价将远远高于其他系统，同时必须联动启动，需要很大的启动电流，所占空间过大，因其产物中的金属阳离子容易与水结合生成碱性氧化物，并发生电离，导致电气设备受到污染和破坏。

（6）细水雾灭火系统

细水雾灭火系统是近 10 年来由美国科学界、工商界和消防行政管理部门在原来 20 世纪40 年代应用水雾灭火的基础上发展起来的环保型灭火系统，在美国 96 版 NFPA750 标准中，细水雾的定义是：在最小的工作压力下，距喷嘴 1m 处的平面上，测得水雾最粗部分的水微粒直径 Dv0.99 不大于 1000μm。细水雾灭火系统是目前各国气体灭火研究的主流。

细水雾灭火的机理：使用经过特殊处理的喷嘴，通过水与不同的雾化介质产生水微粒。几种常见的产生水微粒的方法为：水以相对于周围空气很高的速度被释放，由于水与空气的速度差而被撕裂成水微粒；水与固定的平面发生强烈的碰撞，因碰撞产生水微粒；两股组成相似的水流碰撞，产生水微粒；通过超声波或静电雾化器产生水微粒；让水在压力容器中受热沸腾，并使温度高于沸点，然后突然释放到大气压力状态而产生水微粒。细水雾灭火的机理是利用水微粒气化后的比表面积增大的原理，通过吸收火场温度，二次气化，产生体积急剧膨胀的水蒸气，一方面冷却燃烧反应，另一方面窒息燃烧反应来达到双重物理灭火的效果。

细水雾灭火系统的分类：根据压力不同可分为低压、中压、高压系统；根据保护对象的不同可分为局部应用系统、预制系统、全淹没系统；根据供水和雾化介质的管道单/双支数可分为单流介质喷雾系统和双流介质喷雾系统。

① 低压系统：工作压力小于 1.21MPa。

② 中压系统：工作压力为 1.21～3.45MPa。

③ 高压系统：工作压力大于 3.45MPa。

④ 局部应用系统：与二氧化碳局部应用系统一样，如保护炼油厂的热油泵、油浸变压器等。

⑤ 预制系统：是预先加工好压缩气体的钢瓶与储水罐，根据不同的防护区面积选择合适的规格，存放在防护区内，当发生火灾时，通过控制系统的指令实施灭火的独立装置，如保护加油站的储油罐。

⑥ 全淹没系统：用于相对密闭的防护区的火灾扑救，如保护柴油发电机房。

⑦ 单流介质喷雾系统：仅以水为灭火剂，由一路管道直供喷嘴。

⑧ 双流介质喷雾系统：水和雾化介质由不同的管路分别供给，并在喷嘴口混合、碰撞而产生水微粒子。

细水雾灭火系统的优点分析：细水雾灭火系统类似于水喷淋系统、水喷雾系统、哈龙灭火系统和 SDE 惰性气体灭火系统以及二氧化碳灭火系统，诸多方面甚至是几种系统的综合，但它对扑救 A 类火灾受到一定的限制，仅就其环保性能和资源利用的角度，细水雾灭火系统是其他灭火系统无法比拟的。由于细水雾系统对水微粒的粒径要求严格，导致对喷嘴的制造与使用都要求作为灭火剂的水质要绝对稳定，因此给推广使用带来一定的难度；同时，目前开发的细水雾系统要求的系统压力高，对管路、配件及水泵的工作压力要求相应提高，但这并不影响细水雾灭火系统作为今后灭火系统的发展方向。

综上所述，目前使用的几种灭火系统都或多或少地存在一定的缺陷，二氧化碳灭火系统的灭火浓度高、效率低、窒息作用对人体有致命危害，因而在通信机房新建的灭火系统中不推荐采用；七氟丙烷灭火系统的灭火浓度低，灭火剂用量较少，效率高，在限定条件下对人体无危害，对设备有腐蚀作用，建议在输送距离不大（30～45m）的通信机房灭火系统中采用；三氟甲烷灭火系统的灭火浓度较低，毒性极低，效率较高，对设备的损害小，价格便宜，在输送距离较大（小于60m）的通信机房灭火系统中推荐采用；烟烙烬灭火系统的灭火浓度高，效率较低，价格高，对人体基本无害，对设备无害，在输送距离大（小于150m）的通信机房灭火系统中采用。气溶胶灭火系统适用于小空间，灭火效果好，但启动后不易停止（气溶胶），对设备和管路、介质的要求高，因其产物中的金属阳离子容易与水结合生成碱性氧化物，并发生电离，导致电气设备受到污染和破坏，不建议在通信主机房中使用，可用于小空间的油机房、配电房。

总之，通信机房气体灭火系统应从灭火效率、环保效应、使用安全方便、价格适宜等方面进行深入的研究和探索。

表 5-8　　　　　机房常用气体灭火剂的主要性能及参数表

主要性能	HFC-23	HFC-227ea	IG-541	二氧化碳
分子式	70.01	170.03	34	44.01
沸点（℃）	−82	−16.3	—	−78.5
临界温度（℃）	25.9	101.7	—	31.1
蒸发潜热（kcal/kg）	57.2	31.7	52.6	137
灭焰浓度	12.4%	6.4%	35.5%	20.0%
设计浓度	14.9%	8%	37.5%	34%
机房灭火剂量（kg/m³）	0.52	0.634	0.47	1.5
设计的上限浓度	23.8%	10.5%	43.00%	—
氧气浓度	16.00%	18.80%	12.00%	—
ODP 值	0	0	0	0
GWP 值	9000	2050		1
ALT	280	31～42	—	—
NOAEL	50	9	43	
LOAEL	>50	10.5	52	
LC50	>65%	>80%	—	20%致死
20℃时存储压力（MPa）	4.2	2.5/4.2	15.0	5.17
50℃时最高使用压力（MPa）	13.7	5.3	15.2	14.7
喷射时间（s）	10	10	60	60
充装率（kg/m³）	≤860	≤1150	—	≤660
灭火方式	物理、化学	化学	物理	化学

续表

主要性能	HFC-23	HFC-227ea	IG-541	二氧化碳
适用范围	有人区域	有人区域	有人区域	无人区域
对人类的安全性	安全性高	安全性高	安全性高	危险
分解产物（HF）	20～30ppm	37～175ppm	—	—
存储容器的瓶数	1	2	5	5

注：NOAEL 是试验动物未发现不良反应的最大浓度；

　　LOAEL 是试验动物发现不良反应的最小浓度；

　　ODP 是指物质对臭氧层的破坏能力；

　　GWP 是地球暖化系数，导致地球暖化能力的数值；

　　LC50 是指动物（大白鼠）在这种气体中活动 4 小时，半数致死的气体浓度；

　　ALT 是指在大气中的存活寿命（年限）。

5.2.4　火灾报警系统及控制

火灾自动报警系统由火灾探测器和火灾报警主机组成。火灾探测器是系统的"感觉器官"，它的作用是监视环境中有没有火灾的发生。一旦有了火情，就将火灾的特征物理量（如温度、烟雾、气体和辐射光强等）转换成电信号，并立即动作，向火灾报警主机发送报警信号。

常用的火灾探测系统分为火灾探测系统、早期火情探测系统。通信机房火灾自动报警系统通常包括烟感、温感探头、手动报警按钮、放气声光指示器、火灾报警主机、联动控制器及控制模块等。早期火灾探测系统可以有效地判断火灾的早期症状，不需要触发整体消防系统，主要目的是及时提醒工作人员进行检查。在重要的通信机房中通常采用空气采样式感烟探测报警系统，其主要是通过采样管将机房内的空气吸入检测仪器内进行分析比对，给出目前火灾的不同报警等级。该系统能在通信机房的干净环境中达到最高的灵敏度。在这种应用中，它能对微小的烟雾迹象发出报警。系统能在火灾的萌芽阶段发布报警，使人们有充足的时间采取适当的动作，将火患消灭于初始，从而达到"备而不用，防而不消"的最高防火境界。

通信局房应设置火灾自动报警系统，并应符合现行国家标准《火灾自动报警系统设计规范》（GB 50116）的有关规定。采用管网式洁净气体灭火系统或高压细水雾灭火系统的主机房，应同时设置两组独立的火灾探测器，且火灾探测器应与灭火系统联动。灭火系统控制器应在灭火设备动作之前，联动控制关闭机房内的风门、风阀，停止空调机、排风机，切断非消防电源。机房内应设置警笛，机房门口上方应设置灭火显示灯，灭火系统的控制箱（柜）应设置在机房外便于操作的地方，且应有保护装置防止误操作。设有消防控制室的场所，各防护区灭火控制系统的有关信息应传送给消防控制室。

气体灭火系统的控制：管网灭火系统应设自动控制、手动控制和机械应急操作 3 种启动方式。预制灭火系统应设自动控制和手动控制两种启动方式。

1．自动控制

每个保护区域内都设置有感烟探测器和感温探测器。每个保护区域的探测器都被分成两个独立的报警组合。发生火灾时，其中任一组控制探测器报警后（通常是感烟先报警，可视为预报警），火灾报警控制器上出现报警信号，鸣响保护区的警铃，通知人员撤离，同时停止保护区的通风设备等。此时消防值班人员应立即去现场处理和确认火警。而当另一组探测器也报警（通常为感温探测器报警，可视为正式火警）或有手动报警时，气体灭火控制盘控制声光报警器报警，同时输出如下联动信号：保护区内声光报警器鸣响，警告所有人员不得进入保护区域内，直至确认火灾已经扑灭。经过 30 秒的延时后，通过气体灭火控制盘启动气体钢瓶组上的释放阀的电磁启动器（电磁阀）的对应保护区域的区域选择阀，使气体沿管道和喷头输送到对应的保护区域灭火。一旦气体释放后，设在管道上的压力开关动作信号送回气体灭火控制器和火灾报警控制器，并点亮保护区的气体释放灯，警告所有人员不得进入保护区域，直至确认火灾已经被扑灭。如发现有系统误动作，或确认火灾报警发生，但仅使用手提灭火器和其他移动式灭火设备即可扑灭火灾，可按下设在保护区域门外的紧急停止按钮，可以使系统暂时释放药剂，如需继续开启气体灭火系统，则只需按下紧急启动按钮。

2．手动控制

将灭火控制盘上的控制方式选择键拨到"手动"位置，通过气体灭火控制盘上的手动启动或手动停止按钮来完成电气方式的手动控制，实施灭火。

3．机械应急操作

应急操作实际上是全机械方式的操作，不需任何电源，只有当自动控制和手动控制均失灵时，才需要采用应急操作。此时可通过操作设在气体钢瓶上的机械式手动启动器或区域选择阀上的机械式手动启动器来开启整个气体灭火系统。

5.2.5　其他消防注意事项

其他消防注意事项包括以下几点。

① 为防止水喷洒到带电的设备上，引起电气短路、设备损坏、数据损失等严重后果，根据相关规范，除设置高压细水雾灭火系统、预作用灭火系统的通信局房外，其他与机房消防无关的自动喷淋、消火栓水管不应穿越机房。

② 通信机楼一般都设置消防栓给水系统和自动喷水灭火系统，为防止这两个系统误启动或消防灭火时喷洒下来的水进入机房而损害设备，通信机楼应考虑水消防启动后排水系统，防止水消防系统启动后水进入机房，造成二次损失。

③ 建筑内的电缆井、管道井应在每层楼板处采用耐火极限不低于楼板耐火极限的不燃烧体或防水封堵材料封堵，通过楼板的孔洞，电缆与楼板间的孔隙应采用不燃烧材料密封，通向其他房间的槽道、墙上的孔洞、电缆者与墙体的孔隙亦应采用非燃烧材料密封，凡是近期不使用的均应用非燃烧材料封堵。

④ 采取多种预防火灾措施，如采用阻燃或难燃装修材料和电线电缆、定期进行火灾隐患检查等。

第6章
绿色通信局房工艺

6.1　概述

　　为了贯彻党中央、国务院关于节能减排工作的方针政策，各级政府、企业均在积极、全面地落实节能减排工作，努力建设资源节约型、环境友好型企业，提高能源利用效率和经济效益，保障企业快速发展。

　　国务院2011年9月发布的《"十二五"节能减排综合性工作方案》中也明确提出，推动信息数据中心、通信局房和基站节能改造。

　　通信局房的节能是一项系统工程，通信局房要取得好的节能效果，需要把"节能环保"的理念贯彻到机房的规划设计、施工建设、管理维护整个过程的各个环节中。绿色通信局房工艺（以下简称绿色工艺）就是要在机房的工艺设计阶段按照节能环保的理念，通过一系列规划设计，以及相关配套系统配置，选取节能、环保的产品及相关设备等措施实现通信局房的节能环保。

　　绿色工艺应该满足以下几个条件。

　　（1）绿色工艺方案应经济合理、安全适用，不能因节能导致机房环境质量差或设备寿命缩短，更不能影响通信生产安全，不能以牺牲通信系统运行的安全性为代价。

　　（2）由于节能方案及节能产品众多，而且绿色工艺方案一旦实施或通信设备一旦运行，再进行改造的难度很大，因此绿色工艺方案的选择应慎重并经过筛选，应切合实际、技术先进，满足通信设备对环境的需求。

　　（3）宜建立节能评估机制，通过各项能耗数据的采集及分析，不仅可以及时发现运行管理中出现的问题，确保机房保持在节能环保的状态下运行，而且还可以对绿色工艺方案的效果进行评估，便于节能方案的取舍及应用推广。

　　目前通信运营商能耗约80%以上都是电力消耗，据初步统计，2009年仅三大运营商的电力消耗就达到将近290亿度。根据2012年的统计，国内仅经营性的IDC就达到900个以上，安装有约200万台服务器，可见数据中心的总体规模之大。除数据中心以外的通信局房的单个能耗并不是最大的，但通信局房的数量相比数据中心要多得多（尤其是通信运营商），通信局房的整体能耗十分巨大，企业每年在用电成本上的花费将不断蚕食其利润空间，甚至对于某些机房（如大型数据中心），不断增长的电功耗成为制约其设备扩容和业务增长的瓶颈，节电因此也成为通信局房节能关注的重点。

通信局房中的电能主要用在两个方面，一是通信设备用电。相关统计数据显示，通信设备用电量占总用电量的 30%左右。目前各个通信运营商的通信网络设备新旧交错使用，耗电量参差不齐，通过更换效率低下的通信设备、合理调整用电负荷就能够有效地达到节能的效果。另一个是机房的环境用电，包括机房照明、空调制冷和制热。其中，空调用电占总用电的 50%左右，照明及其他用电占总用电量的 10%左右。可以看出，通信局房的环境用电在能耗量中占据相当大的比例。如果从改善机房环境入手，既能减少成本支出，又能获得较好的节能效果，可谓一举两得。

6.2　绿色工艺的常用做法

通信局房的节能方向大致可分为设计方向、工程实施方向、管理效益方向、新型技术方向、关联活动方向。从工艺的角度就是从设计角度的设计理念和技术方案出发，达到通信局房节能的目的。

通信局房的绿色工艺应符合 YD 5184-2009《通信局（站）节能设计规范》的规定，主要关注机房的节能（包括节电、节地、节材）。在常用做法上，本书第 2 章至第 6 章的描述中均有涉及。总的来说，可以归纳为以下几个部分：建筑设计、整体规划、通信设备、装修装饰材料、空调系统、电源系统、评估与反馈。

由于各地的地理环境和气候差异很大，各个通信局站的具体情况也不尽相同，不存在放之四海而皆准的绿色工艺方案。通信局站的绿色工艺方案应该因地制宜，充分论证，结合实际情况选择。

6.2.1　建筑设计

建筑节能是通信局房节能的重要组成部分，也是其他节能工作的前提和基础。建筑设计阶段应首要考虑被动式节能技术，即以非机械电气设备干预手段实现建筑能耗降低的节能技术，作为节能的首要手段。设计时应参照相关的建设标准及行业内最新的主流规范及技术标准，通常关注选址、体形系数以及窗墙比例、外围护结构和门窗等方面。

1．选址

在条件允许的情况下，通信局房的选址应尽量考虑可以借助室外冷源，有效降低空调系统的能耗。比如将数据中心之类用电量较大的机房放在气候干燥寒冷的地区。谷歌公司和 Facebook 公司的数据中心就位于美国西海岸北部的数据中心，全年采用自然冷源，极大地降低了空调系统的能耗；国内三大通信运营商也均已确定在内蒙古建设超大型数据中心基地。

2．体形系数

建筑物的体形系数是指建筑物与室外大气接触的外表面积与外表面积所包围的建筑体积之比，体形系数越大，对建筑节能越不利。数据机房的建筑体形设计以简洁为原则，有利于建筑整体节能。被动式节能的其他技术体现在围护结构保温隔热、自然通风采光和外遮阳等方面。

3．窗墙比例、外围护结构、门窗

窗墙面积比是指窗户洞口面积与房间立面单元面积的比值，由于墙体节能效果（传热系数）远大于窗，减少窗面积有利于节能。建筑外围护结构对建筑物的保温隔热性能影响非常大，设计时应考虑选用保温效果好（传热系数小）的保温层。

外门窗是数据中心节能的薄弱环节，是内外热量交换的重要环节，外窗应具有良好的气密性和隔热性能。通信局房不宜设置大面积玻璃或其他透明材料的幕墙。在设计和建设时也应考虑节能措施，如采用中空玻璃、低辐射玻璃、断热桥框料等。常年无人值守的机房不应设外窗。

6.2.2　建筑材料

绿色工艺在通信局房建筑材料方面主要通过选用绿色环保的建筑材料以及减少不必要的装修装饰用材两个方面来实现。

1．选用绿色环保建筑材料

首先，建筑材料必须选择"绿色材料"。早在 1992 年国际学术界就已明确提出绿色材料的定义：绿色材料是指在原料采取、产品制造、使用或者再循环以及废料处理等环节中对地球环境负荷最小和有利于人类健康的材料，亦称之为"环境调和材料"。

狭义地讲，它指那些无毒无害、无污染、不影响人和环境安全的建筑材料。而广义的定义则指采用清洁生产技术、少用天然资源和能源、大量使用工业或城市固态废弃物生产的无毒害、无污染、有利于人体健康的建筑材料，即要求绿色建材不仅在使用过程中要达到健康要求，而且生产、再利用和废弃后的处理过程中都必须满足环保要求和"绿色"标准，从而与其他建材明显区别开来。

绿色环保建筑材料包括新型墙体材料、新型防水密封材料、新型保温隔热材料、装饰装修材料、无机非金属新材料等。涉及具体材料品种比较多，蒸压加气混凝土砌块是其中一种较为流行和常见的"绿色材料"，也是国家大力推广的 3 种新型墙体材料砖之一。所谓蒸压加气混凝土砌块，是在钙质材料（如水泥、石灰）和硅质材料（如砂子、粉煤灰、矿渣）的配料中加入铝粉作为加气剂，经加水搅拌、浇注成型、发气膨胀、预养切割，再经高压蒸气养护而成的多孔硅酸盐砌块。其最大的优势就是节约土地资源，不用浪费大量耕地，而且原料来源广泛，灰沙、粉煤灰和矿渣都可以作为原料。加上良好的可加工能力及隔热保温性能，其得到了广泛的应用。使用蒸压加气混凝土砌块的施工现场如图 6-1 所示。

在选择具体的绿色环保建筑材料时，应认真查验由法定检验机构出具的检验报告，注意材料的生产和使用过程应节省资源和能源，不产生或不排放污染环境、破坏生态的有害物质，应可循环使用。应选择具有良好的节能环保功能特性（包括电磁屏蔽性、导热性等）的材料，还应确保使用材料对人体健康的影响，

图 6-1　使用蒸压加气混凝土砌块的施工现场图

避免因装修材料产生有害物质而对值守或工作人员的身体健康产生危害。

2．减少不必要的装修装饰用材

通信局房的装修应重点保证各空间区域的环境指标符合相关标准，满足机房的设备运行及人员维护要求，减少不必要的装修装饰用材。这些都可以通过优化的工艺设计体现，比如装修装饰方案应尽量简约，避免因片面追求新奇特而采用不必要的异型物件或大量耗材的装修装饰方案。

6.2.3　整体规划

科学、合理的整体规划是通信局房节能的重要前提，关系到通信局房及其相关配套机房的占用面积和配套系统设备及材料的合理配置。首先应确定通信局房的等级、规模、各系统构成等，使相关的系统配置科学合理。然后就是合理定位各机房或各功能区。比如，通过将供电系统设备尽量靠近负荷中心，合理选择导线截面及供电路由，使供配电线路最短，减少导线材料并降低线路上的运行损耗。在条件允许时，应按照 3.4 节中提到的"模块化"进行局房整体规划方法。

近年来，由模块化设计理念产生出多种局房建设方式，其中一个典型代表就是集装箱数据中心。自从 2007 年 Sun BlackBox 作为业界首个集装箱式数据中心问世以来，为了使数据中心应对动态业务需求，缩短建设周期，使数据中心能够按需、分步、快速部署（10～12 周），微模块化的集装箱数据中心这种建设方式越来越多地得到应用。集装箱数据中心又可分为一体化模式和集群模式，一体化模式数据中心即单个集装箱具备标准数据中心全部的功能附件，预先集成安装机架、空调、UPS、蓄电池、消防、安防、监控，一个集装箱就是一个完整的数据中心，工厂生产完成后，运输至用户现场，进行简单的安装，接入市电和宽带网络，即可投入运行，如图 6-2 所示；集群模式数据中心可适用于中大型数据中心的建设需求，其中若干个集装箱只具备传统数据中心的部分功能，完整的数据中心需要由多个集装箱组成。据统计，与传统数据中心相比，模块化数据中心能够节省30%以上的成本，占地面积节约50%，如图 6-3 所示。

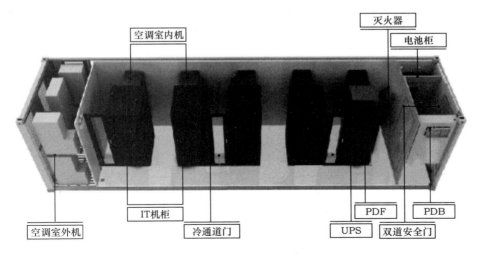

图 6-2　一体化模式集装箱数据中心示意图

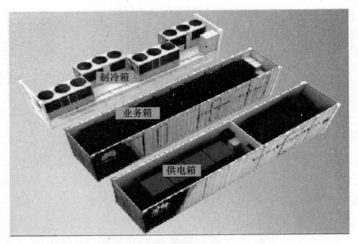

图 6-3　集群模式集装箱数据中心示意图

　　虽然集装箱数据中心具有建设周期短、按需部署、灵活易扩展且节能的优点，但也存在维护通道狭窄、维护人员要求高、可部署或更换的设备类型受限以及在大规模部署时容积率较低的缺点。因此，在选择哪种机房形式时，应根据自身的实际情况统筹考虑后确定。

6.2.4　通信设备

　　通信设备不仅仅直接影响其设备本身的耗电，还与供配电系统和空调系统的耗电量直接相关，图 6-4 直观地显示了主设备元器件的节能对整个相关配套设备节能的影响。理论上，主设备省电 1W，整个相关配套设备可以再省电 1.68W，总共可省电 2.68W，如图 6-4 所示。

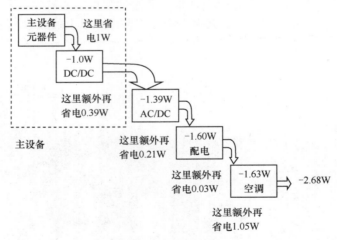

图 6-4　通信主设备对系统整体能耗的影响示意图

　　数据中心的服务器、存储和网络通信等设备产生的功耗约占数据中心机房总功耗的 50% 左右。其中，服务器所占的总功耗约为 40%。

　　随着大型数据中心和一些大型通信枢纽的出现，电源系统和空调系统的容量开始成为限制通信设备规模的因素。在一定的机房空间内，更高的设备功耗也意味着更大的电源设备和空调设备占用空间。因此，通信设备的节能是通信局房节能的首选，对通信设备的耗电应重点关注。

通信设备的节能方案有很多，总结起来可以分为 3 个方向：冷却技术、芯片节能技术、软件调度和管理技术。例如，可以采用服务器虚拟化技术或提高芯片的性能能耗比等；可以采用刀片服务器，虽然刀片服务器的功率密度比较大，但是对于单位业务处理能力，刀片服务器的能耗更低；可以采用设备电源管理技术，如动态功率封顶技术，通过设备的动态配置或功率封顶，有效地对设备能耗进行准确控制，避免了电源设备的过度配置；如 MAID（大规模非活动磁盘阵列存储）技术，可以使那些不经常被访问的数据存储在 MAID 磁盘中，当存储这些数据的磁盘在一定的时间段内不被访问时，磁盘将自动关闭电源，在使用时才开始运行。

对于现有机房，经过综合评估，采用处理能力更强、集成度更高的设备替换老旧设备也可以达到节电、节地的效果。

6.2.5　设备排列

首先，通信设备的排列应在满足设备安装扩容和人员维护的前提下，采用有利于机房内气流组织的方式进行排布。最常见的做法就是采用"面对面、背对背"的排列方式，相邻两列设备的吸风面（正面）安装在冷通道上，排风面（背面）安装在热通道上，如图 6-5 所示，实现冷热气流的分隔，形成良好的气流组织，提高空调的制冷效率。冷热通道空间的具体数值需根据设备功耗、送风方式、及基本维护要求等因素计算确定。

图 6-5　"面对面、背对背"排布的机房现场图

其次，对于耐热性差、散热量高的设备，应尽量分散排布，降低局部过热的可能，避免为解决局部过热问题而提高机房空调的制冷量。

再次，通信设备的排布应考虑系统内部及各系统之间的关系，减少各系统内部及系统之间的线缆布放距离，避免线缆布放出现往返现象。

最后，通信机房关键设备区域用房应集中布置，其他辅助区和辅助用房的室内温、湿度要求相近的房间宜相邻布置。应根据设备种类、系统组成特性、设备的发热量、机柜设备布置密度、设备与机柜冷却方式等，合理地考虑机房区域、机柜列组、机柜内部这3个层面的空调气流组织，包括空调设备的位置布置、送回风方式、送风口设置、回风口设置等。

6.2.6　空调系统

不同于通信设备的节能受制于通信设备制造商，空调系统由于其在通信局房内较高的耗能占比以及节能方案的实际可操作性，成为通信局房节能的关键环节。实际上，局房工艺设计阶段的很多精力就投入在如何在保证有足够大的致冷量的前提下构建能效比足够高的空调系统。

随着IT技术的不断发展，传统以交换设备为主的通信局房，不断地被装入各种数据设备，随着这些通信设备的数量和设备集成度的同时增加，机房的整体环境温度（大环境）和机柜中的温度（小环境）都迅速升高，特别是近年来逐渐增多的刀片服务器更是进一步加重了这一问题的严重性。机房整体过热以及机柜局部过热的现象不断出现。

能源的合理使用是一个通信局房建设成功与否的重要度量内容。在通信局房中，空调系统的能耗占整体能耗的40%～50%。空调节能技术的合理使用将会对整个通信局房的能源节约起到至关重要的作用。但无论采用何种节能技术，保持机房通信设备正常运行是最基本的要求。

通信局房空调系统的节能研究可以分为4个范畴：环境标准制定、能量产出装置、能量输配以及控制管理。"能量产出装置"包括：制冷机房、机房专用空调、风机、水泵及变速装置、湿度控制、水侧经济器、风侧经济器及部分负荷运行。"能量输配"包括：室内气流组织分布、冷水管路设置等。

1．环境标准

通信局房传统的温湿度容差要求为：干球温度±1℃（或±2℃），相对湿度为±5%。然而，该范围值比大多数通信设备的运行要求要严格很多。因此，放宽严格的环境条件是一种较为简单的节能方式。

（1）提高蒸发温度

提高房间温度，让压缩循环以较小的温差运行，可以提高循环的效率。对于冷水机组，按粗略估算，如果提高1℃的蒸发温度，则机组效率提高1.6%～5%。同时，由于蒸发温度较低，一年中有更多的时间可以使用冷却水代替冷冻水制冷。

（2）减小加湿负荷

加湿负荷可通过降低相对湿度限制和降低温度限制来减小。例如，20℃/40% RH工况下的设计湿负荷只是22℃/50% RH工况下的湿负荷的70%。由于室外空气湿度不为零，且在加湿季节中有变化，故实际年加湿能耗的节能量更大。若要确定各地的实际节能量，就需要进行露点温度数据分析。

（3）降低除湿负荷

在通信机房中，经常用机房专用空调的冷却盘管进行除湿。如果需要除湿，一般是降低冷却盘管的温度，因为它增加里盘管的冷凝水量，降低了房间内空气的绝对湿度。由于冷却盘管可能会导致房间过冷，因此定风量系统较冷的送风经常会被再加热。

这样，同时进行冷却、加热，将导致很大的用电量浪费。提高最大相对湿度值可以减少冷却盘管运行在除湿模式时需要同时进行加热和冷却的时间，节约能量。

2．能量产出装置

能量产出装置包括冷水机组、冷水泵、冷却塔以及机房专用空调机组等。

（1）冷水机组

冷水机组按照排热方式不同可分为风冷和水冷两种。两种形式的冷水机组又可分为往复式、离心式、螺杆式 3 种机组。各厂家机组在满负荷效率以及部分负荷效率下，运行性能差异较大，且随着设计工况的不同而不同。因此，在进行机组选择时，需要注意以下几点。

① 机组的效率范围很宽，而且通常通信设备进场进度较慢，所以在进行冷水机组设备选型时应充分考虑部分负荷运行工况。

② 仔细校核冷冻水和冷却水对冷水机组效率的影响。

③ 配置变频装置的冷水机组一般有非常好的部分负荷效率曲线。

④ 蒸发器侧流量可变的冷水机组，会使水泵输送费用与安装费用相对于一、二次冷水泵系统低。

（2）冷水泵

水泵的选择需要注意以下几点。

① 水泵应按照最佳工况点选择。应核查不同厂家、不同类型的设备，找到应用效率最高的水泵。

② 对冷水温差进行优化。大温差可使流量减小，从而减小水泵能耗。但同时需要注意对冷水机组的影响。

③ 可考虑增加变频装置。

（3）冷却塔

冷却塔的选择需要注意以下几点。

① 对于给定的冷却负荷,冷却塔风机的能耗完全可变。为冷却塔的高效运行而优化选择，应核查每家供应商的多种冷却塔型号。

② 对于风机选型，应考虑螺旋桨式风机比离心式风机能耗更低的因素。

③ 高调节比设计的冷却塔能使冷却水量与冷水机组需求更好地匹配,尤其是对于多台冷水机组的站房。

④ 应规定采用高效电机和变速装置。

（4）机房专用空调机组

机房专用空调机组在节能方面应注意以下几点。

① 尽量避免使用再热装置。

② 如果有干式冷却器或湿式冷却器，在许多气候条件下，可利用水侧经济器盘管来降低系统能耗。

③ 在使用雾化喷淋等手段时，需要充分考虑室外机组的抗腐蚀性以及使用的水量是否经济。

④ 加湿器的选择要慎重，超声波加湿系统由于采用绝热冷却，它的效率最高。但是由于其造价较高，因此通常不被采用。

（5）风机与水泵

风机和水泵是通信机房内部能耗最大的一个部分。因此，仔细设计风机及水泵的运行尤为重要，在节能方面应注意以下几点。

① 使用较大风道、架空地板、水管等，减小水/风系统阻力。

② 风机转速应在调试期间进行，使之与系统要求相匹配。采用双速风机或变速风机，提高在部分负荷运行下的效率。

③ 采用高效电机。

④ 对系统进行定期维护，减小不必要的阻力。

（6）水侧经济器

水侧经济器是利用寒冷的室外空气干球或湿球温度条件产生冷却水，能部分或全部满足供冷需求的一种系统。它有两种基本类型：直接式免费冷却和间接式免费冷却。在直接式系统中，冷却水直接通过冷水回路进循环；在间接式系统中，增加一个将冷却水和冷冻水分开的换热器。图 6-6 至图 6-8 更清楚地反映了两种系统与常规水系统的差别。

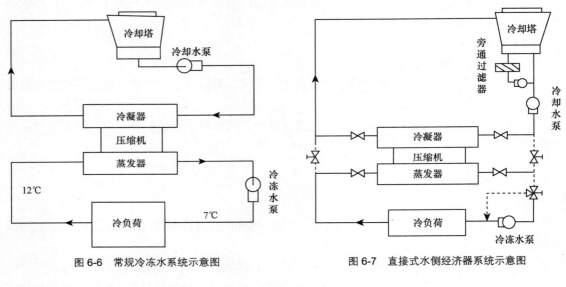

图 6-6　常规冷冻水系统示意图　　　　　图 6-7　直接式水侧经济器系统示意图

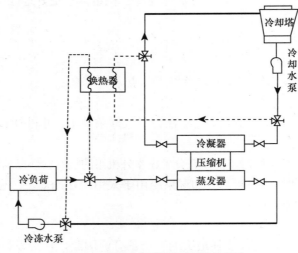

图 6-8　间接式水侧经济器系统示意图

通常，通信局房常选用间接式水侧经济器方式。该方式能使冷却塔在空气湿球温度许可的任何时候产生冷却水，然后通过换热器对机房进行供冷。在冷却水提供足够的制冷量时，可以停止冷水机组。为了充分满足通信机房的冷负荷需求，室外空气的湿球温度通常应比设计冷水温度低 4℃～6℃。

直接式水侧经济器运行有多种形式，目前在通信机房最常用的形式之一是结合水冷空调器使用的"干式冷却器"。该直接式系统通过一风机作为动力的空气—液体换热器（干式冷却器），利用室外空气来冷却水。另外，直接式系统还有采用闭式冷却塔进行供冷等形式。

所有水侧经济器均需考虑以下问题。

① 水侧经济器的使用时间以及回收期。

② 水侧经济器的水质问题：间接式系统需要考虑换热器的冷却器侧的水质堵塞问题；直接式系统的冷却塔或干冷器宜采用闭式循环设备。

③ 水侧经济器的设计温度与冷水机组供回水温度的联系。

④ 通信局房的气候条件对水侧经济器的使用限制。

（7）风侧经济器

风侧经济器是一种当室外空气条件满足一定标准时，利用室外空气进行部分或全部供冷的空气处理系统。目前国内常用的风侧经济器设备主要有智能通风、智能换热等设备。

智能通风：新风工作时，外界空气从风口经风门进入壳体内，空气穿过过滤芯进入室内，空气中的灰尘则被滤网截留在除尘腔中，工作一段时间后，利用压缩空气的脉冲压力清洁滤网，可保证滤网始终处于良好的过滤状态，减小了滤网脏堵的可能，同时减少了更换滤网次数，该装置可以通过自动控制、间歇以压缩空气反吹滤网。

智能换热：智能换热系统充分利用室内外的温差进行热交换，有效地将机房内的热量迅速向外迁移，实现室内散热，从而大幅度降低电能消耗和营运成本，延长空调的使用寿命。如图 6-9 所示，从室外侧的角度来看，室外空气在室外侧风机的作用下从室外侧送风口进入装置本体，然后通过换热芯体进行换热，从室外侧排风口又被排出至室外；从室内侧的角度来看，室内空气在室内侧风机的作用下由室内侧送风管进入装置本体，然后通过换热芯体进行换热，再由室内侧回风管重新回到局站内。

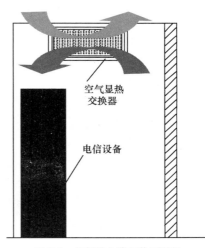

图 6-9　智能热交换工作原理图

智能换热节能系统主要利用高效换热器，使机房内的空气和室外低温空气进行换热，以降低室内温度，并实时监测室内、室外的温度和湿度，采用智能温控技术，实现对空调的启用控制。当室外温度低于某个设定值时，控制器开启智能换热系统，关闭机房空调达到节能效果。在确保机房环境的前提下，依据室内外温湿度，控制换热系统、空调的切换运行。智能换热设备与局站原有空调联动，智能换热设备优先启动，以保证最大的节能；在智能换热设备能消除室内热负荷的条件下，发出信号启动空调；当智能换热设备满足室内热负荷要求时，设备启动并发出信号，空调停止运行。

无论是智能新风还是智能换热，所有的风侧经济器在使用时需要注意以下几点。

① 经济器的使用存在很大的地区性（气候）差异，在是否采用以及采用何种经济器前，需要充分考虑此因素。

② 依据空气的温湿度状况，需要合理分配水侧、风侧经济器的使用时间。

③ 在使用智能新风时，需要充分考虑室外空气质量，保证空气洁净度。

3．部分负荷运行

（1）冷水机组变频装置：在配置冷水机组的设施中，将变频冷水机组用在分级、并联的多台机组中，是一种降低能耗的有效方法。但需要注意的是，在装机速度较快的通信局房中，可以考虑部分安装变频器而不是全部安装。

（2）压缩机分级：建议所选冷水机组尽量采用变容量控制方法的设备。这样可以保证在低负荷状态下，仍能促使机组运行。

（3）水泵、冷凝器风机宜设置变频器。

4．室内气流组织优化

近几年来，国内气流组织优化问题被广泛关注，尤其是通信运营商在改造机房中不断大胆探索和优化末端室内气流组织方式。本节仅对使用较为广泛且具有可操作性的集中气流组织优化方式进行介绍，但无论如何，所有优化方式均是向"先冷设备，后冷环境"方向发展。

（1）精确定点上送风

精确定点上送风方式主要适用于采用风管上送风方式的机房。其原理主要是通过软管、局部静压箱、送风罩门等部件将主风管的冷风均匀分配至各个机柜，避免冷风与环境过多接触，从而达到充分利用冷源的目的，其机房现场和机柜内部如图6-10至图6-12所示。

图6-10　精确定点上送风机房现场图1

图6-11　精确定点上送风机房现场图2

（2）低位送风

传统的风管上送风方式是将送风风管布置于机房梁下（消防管下），但是这种送风方却增加了风口到机柜之间的距离，使得冷风从风口到机柜时，提高了送风温度，浪费了冷量。为了缩短此段距离，低位送风方式降低风管高度，将其布置于走线架下方，甚至将风口延伸至机柜旁边，以降低机柜进风口的温度。低位送风机房现场如图 6-13 所示。

（3）机柜内下送风

机柜内下送风方式是针对架空地板下送风的一种优化方式。其送风原理是冷风通过机柜底部开设的送风口进入机柜，机柜前部柜门封死，并在柜门至设备前预

图 6-12　精确定点上送风机柜内图

留通风通道，将所有冷风直接送入机柜服务器内。这样做，可以将所有冷风更准确地送到各个机柜，而地板上部的空间无冷风。其机柜内部及原理分别如图 6-14 和图 6-15 所示。

图 6-13　低位送风机房现场图

图 6-14　机柜内下送风机柜内图

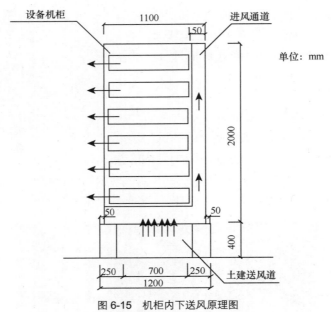

图 6-15 机柜内下送风原理图

（4）冷热通道隔离

在"冷热通道"的设备布置方式中，机柜采用"背靠背、面对面"方式排布，这样在两排机柜的正面面对通道中间布置冷风出口， 形成一个冷空气区"冷通道"，冷空气流经设备后形成的热空气，排放到两排机柜背面的"热通道"中，热空气在天花板顶部回到空调系统，使整个机房气流、能量流流动通畅，提高了机房精密空调的利用率，进一步提高了制冷效果，如图 6-16 所示。

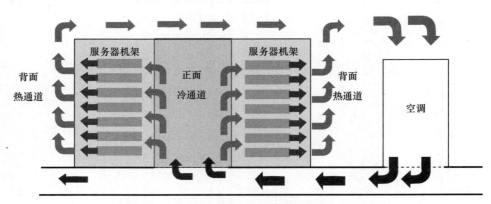

图 6-16 冷热通道隔离原理图

通过冷通道封闭改善通道气流状况，平衡机架内安装在顶部和底部的服务器进风，有效降低风量比，可避免热点，提高机架负载。

冷通道封闭由 3 个部分组成：通道隔离及通道前后门、通风地板和机架盲板安装。

① 通道隔离

通道隔离效果图及现场图分别如图 6-17 和图 6-18 所示。

图 6-17　通道隔离效果图

图 6-18　通道隔离现场图

机房采用地板下送风、地板上回风方式，机柜采用冷、热通道分离的布局方式。为最大限度地提高空调机组与机房设备间的热交换效率，需对机柜间的冷通道采取顶部和两端出口封闭措施，冷通道两侧每对机柜间的封闭设施定为一单元。如冷通道只有单侧有机柜，则需对冷通道的另一侧也进行封闭，保证冷通道的完整性，冷通道机柜侧每个机柜所连接的封闭设施定为一单元。冷通道为单元模块化设计，每个单元均能独立安装。

冷通道的顶部采用透明有机玻璃材料封闭，以最大限度地保证冷通道的采光。冷通道封闭单元顶部窗口可自动或手动打开，且打开时不危及窗口下方人员的安全，窗口打开后可满足人员对冷通道上方设备进行检修的需求。冷通道两头采用钢化玻璃材质的平开门进行封闭，隔离门可推拉开合。每个冷通道封闭空间内可安装独立的温度、烟感传感器，门和天窗安装开关状态传感器。当冷通道传感器及门、天窗开关状态异常时，可通过环境监控平台进行报警。

② 通风地板

机房空调系统均采用下送风方式，为保证制冷效果，冷通道封闭区域内的所有机柜前均需安装可调高通风率地板，以确保机房的制冷效果。

③ 机架前门改造、机架盲板安装

冷通道封闭的机架前门可不安装，这样可以提高通风效果。对于某些客户有安全等其他要求、必须安装前门板的，可选择通风率高于 50%的前门板。

6.2.7　电源系统

通信局房内的电源系统约占机房总电耗的 10%左右。电源系统的节能可以通过提高电源系统的工作效率、减少自身电能损耗来实现，如选用 UPS 高频机、高压直流电源系统、模块化 UIPS 系统等。也可以采用新型的供电方式来降低系统的耗电量及节地节材。

通信局房电源系统的"绿色"还应体现在满足通信设备供电保证度的前提下，合理配置电源系统，避免配置过大（如电力电缆及蓄电池）。

在工艺阶段确定节能的电源系统方案可有效降低电源系统的耗电量。近年来，以节能为目标的新型电源系统类型及供电方式层出不穷，以下主要介绍几种技术较为成熟的节能型电源系统及供电方式。

1. 240V 高压直流电源系统

240V 高压直流电源系统是一种主要应用于数据机房及数据中心的新型不间断供电系统。由于其系统安全性高、可维护性好、系统效率较高并符合国家倡导的节能减排的产业政策，2007 年开始移植至通信行业，目前已得到大量应用。截至 2011 年年底，应用已达约 330 套，总功率超过 36000kW。

240V 直流供电系统包括其组成、设备配置、导线的选择和布放、监控与告警系统要求、接地与安全要求等相关内容。

（1）IT 设备可以使用 240V 直流供电的原因

传统上 IT 设备是由 UPS 提供的 220V 交流供电的。IT 设备内部电源是一个可靠性很高的独立模块，核心部分是 DC/DC 变换电路。只要输入一个范围合适的直流电压给 DC/DC 变换电路，就同样能满足 IT 设备安全工作。只要输入端没有工频变压器，输入直流不会产生短路阻抗，就没有必要必须交流输入，不用交流也就没有必要用 UPS，由此因 UPS 交流供电引起的一切不利因素也就自然而然地消失了。如果输入的直流合理，配上蓄电池，辅以远程监控，构成一个可靠的直流供电系统，就可以取代 UPS 交流供电系统。实际计算出系统输出电压 204～288V 的电压范围内，服务器的电源模块是可以安全工作的。

240V 直流整流机柜面板如图 6-19 所示。

以下是 240V 直流与传统 UPS 供电系统的对比。由图 6-20 可见，

图 6-19　240V 直流
整流机柜面板

直流对原有 IT 设备不作任何改造。因此，除了新建系统以外，240V 直流也可以较为方便地应用在已建有交流 UPS 供电的系统升级改造方面。

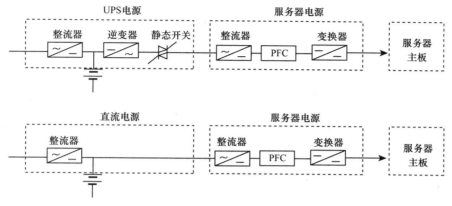

图 6-20　240V 直流与传统 UPS 供电系统对比

（2）240V 直流与传统 UPS 系统的对比

主要从以下 3 点分析 240V 直流与传统 UPS 系统的不同之处。

① 安全性

240V 直流电源系统的并联整流模块、蓄电池组均构成了冗余关系，不可靠性是各组件不可靠性的连乘结果，总体可靠性高于单个组件的可靠性。

而 UPS 系统本身仅并联主机具有冗余备份，系统组件之间更多的是串联关系，其可靠性是各部分组件可靠性的连乘结果，总体可靠性低于单个组件的可靠性。

② 节能性

除了减少一次逆变转换的过程，240V 直流电源系统采用的是模块化设计结构。因此，可根据输出负载的大小，由监控模块、监控系统或现场值守人员灵活控制模块的开机运行数量，使整流器模块的负载率始终保持在较高的水平，从而使系统的转换效率保持在较高的水平。

而受后端设备功耗和业务发展的影响，很多 UPS 系统通常在寿命中后期才能达到设计负载率，甚至根本达不到设计负载率，UPS 主机单机长期运行在很低的负载率，造成无谓的能耗损失。

③ 维护成本

在维修成本方面，240V 直流供电采用的是整流模块化结构，现场替换非常方便，除厂家外，一些通信支撑企业也可维修模块，维修价格在一定程度上可由市场决定。UPS 一旦发生事故，通常是安排厂家开机检修。

④ 不存在"零地"电压等不明问题的干扰

因为是直流输入，没有零线，因此也就不存在"零地"电压，避免了一些不明的故障，维护部门也无需再费时费力地去解决"零地"电压的问题。

总之，240V 直流供电技术较传统的 UPS 电源具有巨大的优点，在解决了通信设备的适应性问题和使用者观念改变后，240V 直流供电技术必将得到大规模的应用。

（3）240V 直流的双总线系统

与双总线 UPS 系统同理，对于高可靠度要求且具备双电源输入功能的通信设备，240V

高压直流供电系统也采用双母线供电，系统简图如图 6-21 所示。

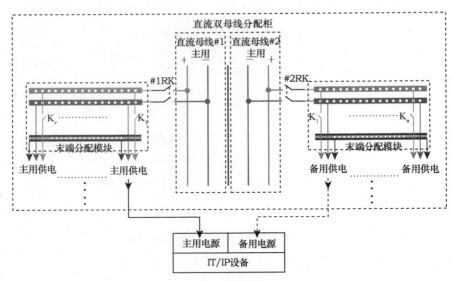

图 6-21 双总线 240V 直流系统

（4）240V 直流的局限性

在目前的实际使用过程中，有少量设备不支持高压直流。在中国电信实际应用中统计发现，可用 240V 直流电源的 IT 设备占 IT 总数量大于 98%，不可用数量小于 2%，其中不可用产品多为早期 IT 型号，在网使用数量已经逐年减少了。由于此原因，除了在设备上电之前要做测试之外，为了给不兼容高压直流的设备供电，还往往额外配置小容量的 UPS 系统。另外，对于三相交流供电的 IT 设备，240V 暂时无法提供理想的解决方案。

2．模块化 UPS 技术

模块化 UPS 本身就是一台 UPS，但相比传统的 UPS 具有更多的优点，例如：转换效率更高，可靠性和可用性更强，系统本身热损耗更低，节电率更高（保守估计在 20% 以上），特别是能大大提高系统的运行效率，便于维护和扩展。因此，模块化 UPS 相对于传统 UPS 在降低初期投资、减少 UPS 系统能耗等方面都具有较明显的优势，因此逐步获得更大的推广。

模块化 UPS 主机柜面板如图 6-22 所示。

（1）模块化 UPS 的特点

① 模块化 UPS 采用标准的结构设计，每套系统由功率模

图 6-22 模块化 UPS 主机柜面板

块、监控模块、静态开关组成，其中功率模块可并联，平均分担负载，各并联模块皆为内置冗余的智能型独立个体，无需系统控制器对并联系列集中控制。任何模块发生故障后（包括系统控制模块），其冗余设计便会充分发挥效用，全面保障设备正常运转，实现最大程度的故障冗余。如遇故障自动退出系统，则由其他功率模块来承担负载，既能水平扩展，又能垂直扩展。独特的冗余并机技术使设备无单点故障，以确保电源的最高可用性，较传统 UPS 更加

安全。

②　所有的模块可以实现热插拔，可以实现在线更换维修，较传统 UPS 更加易维护。

③　由于采用了大量先进性技术，使得模块化 UPS 的整机效率得到大幅度的提高，模块化设计使得可以按照设备需求配置 UPS 的容量，不仅节省了前期投资，而且 UPS 可以在使用初期就处于负载率较高的模式，系统效率较高。

④　相比传统 UPS 体积更小，使得系统整体设备占地更少。

（2）适用场景

模块化 UPS 产品主要适用于以下场景：

①　容量较小的机房；

②　建设初期对远期负荷规模难以预测的机房；

③　技术维护力量较弱，厂家支撑力度不足的地区等。

3．动态 UPS

UPS 分为静态 UPS 和动态 UPS 两大类，现有通信局房内的 UPS 绝大多数为静态 UPS：即采用固态半导体器件在 UPS 内部实现电能转换，并提供一定后备供电时间的 UPS。动态 UPS 也称为旋转式 UPS，是一种利用旋转部件储能，并利用发电机产生供电输出的 UPS，这种 UPS 数量较少；但由于其自身具备的一些特点，近几年来在我国逐步得到了更多应用。其中得到较多应用的包括以下两种动态 UPS，分别称为柴油机式 UPS 和飞轮 UPS。

（1）柴油机式 UPS

自由轮离合器是感应耦合器/发电机与柴油机之间的机械桥梁。离合器的作用是：当柴油机处于停止状态时，允许感应耦合器转动；当柴油机开始运转，并达到感应耦合器/发电机的转速时，离合器会自动接合，柴油机便开始驱动感应耦合器/发电机。这样，柴油机就在完全空载的情况下启动并迅速加速运转，确保了机器迅速可靠地启动。

在市电模式下，发电机的作用就相当于一个同步电容器（空载过励磁交流电动机），它能保持感应耦合器外转子的转速。它为负载提供无功功率，与电抗器结合作为有源滤波器。当市电断电时，发电机先由感应耦合器驱动，然后由柴油机驱动，提供电源给紧急负载使用。柴油机启动期间即由感应耦合器提供紧急负载所需能量。整个转换时间为 5～10s。

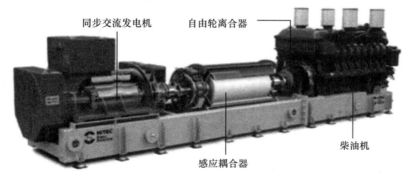

图 6-23　柴油机式 UPS 的组成

（2）飞轮 UPS

飞轮 UPS 由输入保险、输入接触器、静态开关、在线电感器、输出接触器、逆变器、滤波电感器、飞轮、旁路等组成，飞轮和电机系统密封在真空容器内，能量蓄满时飞轮以每分钟 7700 转的速度高速旋转，将能量以动能的形式储存起来。UPS 在市电出现波动时，由于飞轮的惯性能补偿短时间的电压突变，保证了输出电压的稳定。在市电中断时，由于飞轮的惯性将动能转变为电能，满载时可维持额定电压 12s，在此期间发电机自动启动带载，恢复对重要负载的正常供电。

飞轮 UPS 的旋转部分及机柜现场图如图 6-24 所示。

图 6-24　飞轮 UPS 的旋转部分及机柜现场图

以上两种动态 UPS 与传统的电池式静态 UPS 系统加备用发电机的组合相比，占用的空间更小，简化了电源系统的结构，避免了蓄电池的投资及其对环境的影响。但缺点是初期设备成本较高，而且由于飞轮可维持时间在 10s 左右，对后备发电机的可靠性要求较高。

4．分布式 UPS 系统（DPS）

分布式 UPS 即 DPS（Distributed Power Supply），它改变了传统集中式 UPS 的供备电方式，将电源系统分散到每个机架当中。系统供电简图如图 6-25 所示。

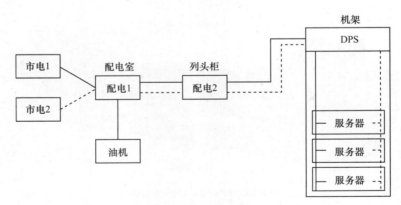

图 6-25　DPS 供电系统简图

分布式 UPS 由于采用分散供电，故障影响范围小，而且无需电力电池室及其空调配置，可节约投资和空间。图 6-26 中左侧为现在机房内应用最多的传统的集中式 UPS 占用位置的示意图，右侧为分布式 UPS（DPS）的示意图，其中方框内为各自的配套电源设备占用的位置。

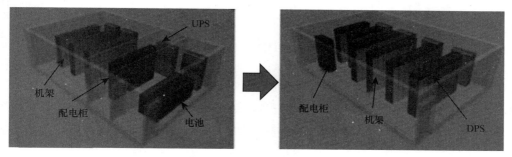

图 6-26　集中式和分布式 UPS 占用空间示意图

由图 6-26 可见，DPS 较集中式 UPS 系统可以节省更多的空间。从目前的使用情况来看，DPS 供电系统更适合于建设周期短、灵活部署的中小型机房使用。但是，DPS 设备为后备式工作方式，对电网的稳定性和供电质量要求较高，而且改变了传统机房的维护模式，需客户认同。

5．三角形 2N UPS 系统

三角形 2N UPS 系统是近几年来逐步获得应用和推广的一种 UPS 系统。在这种供电模式下，将供电组成一个相当于三角形的网络，每个角由等容量的 UPS 系统搭建。这种三角形供电方式的好处在于，在整个系统允许带载率为 80% 的情况下，可以把单机带载率由 40% 提高到 53%，可以用 3 个同等容量系统与原来两个常规的独立供电系统对接，可以有效降低 1/4 的电源设备建设成本。其系统简图如图 6-27 所示。

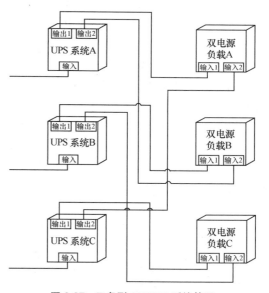

图 6-27　三角形 2N UPS 系统简图

但是，这种系统应在前期规划每个角所带负载的总功耗尽量平衡，设备运行中后期可能需要对所接的负载进行调整以免超过单机允许带载率。

6.2.8　节能评估与反馈

通信局房节能措施的效果不能只从厂家推广材料的数字来评估。决策层经常会头疼：耗钱费时地采用了新的节能措施，到底省了多少电或者省了多少钱？有没有更好的节能措施？因此，评估机房内节能措施的效果，以便于确定本机房或其他类似机房的节能技术方案具有十分重要的意义。另外，一些节能的手段（如合同能源管理）甚至需要获取精确的节能效果数据才能顺利实施。因此，在通信局房工艺阶段就考虑搭建具有"分析"功能的能耗监测系统是十分必要的（具体可见 4.5 节）。

6.3 "绿色"的评价体系

通信局房是否"绿色"、是否节能，应通过科学完整的评价体系，从建筑整体和机房能源效率这两方面进行评价与判定。

首先，对于建筑整体，国外最具代表性的是美国绿色建筑评估体系（LEED）。该标准主要强调建筑在整体、综合性能方面达到"绿化"要求，主要从可持续建筑场址、水资源利用、建筑节能与大气、资源与材料、室内空气质量等方面对建筑进行综合考察，评判其对环境的影响，以反映建筑的绿色水平。国内主要参考的是《绿色建筑评价标准》（GB/T 50378）。该标准综合考虑了国际绿色建筑评价体系和国内近年来绿色建筑的工程实践经验，强调在设计过程中进行节能控制，是一部从选址、材料、节能、节水、运行管理等多方面对建筑进行综合评价的多目标、多层次的评价体系。绿色建筑评价标准还包括机房利用率指标，也就是基础及配套设施的利用率，如关键电源及制冷设备的综合利用率、布线的合理程度、管理的人性化程度等，也包括机房空间及土地综合利用率。

然后，对于机房的能源效率，虽然评价指标较多，但是国际上在数据中心电力使用效率的衡量指标方面有较为通行的指标，即 PUE（Power Usage Effectiveness）值。这个指标在国内也被普遍接受，用于衡量在数据中心总体用电中有多少电能被输送到数据设备上。

PUE 是 The Green Grid 组织（TGG）提出的，可以简单地用数据中心总功率与所有 IT 负载功率这两个数值之比计算（TGG 将其命名为 PUE0），这是目前最通用也是最容易实现的计算方法；也可以用数据中心的 12 个月累计用电量与所有 IT 设备 12 个月累计用电量之比计算（TGG 将其命名为 PUE3），这是 TGG 最终希望成为行业标准计算的方法，也是最为准确的方法，避免了因设备负载变化及采集点和采集时间的变化导致的数据偏差。但是，相比之下，PUE3 的复杂程度较 PUE0 高，需要能耗监测系统的支持。

PUE 值越大，表明为确保数据设备安全运行（如 UPS 系统、空调系统、供配电及照明系统等配套系统）的电能消耗越大。反之，PUE 值越小，意味着机房越节能。

PUE 指标也可以延展判断至通信局房的节能水平。通过 PUE 值的测定及横向和纵向对比，可以直观地判定机房内各项节能措施的效果。如某通信运营商已有明文规定："通信局房和数据中心节能指标，应满足 PUE 值不高于 1.7。"。

有数据显示，2011 年全国的数据中心总耗电量达 700 亿千瓦时，已占全社会用电量的 1.5%，相当于 2011 年天津市全年的总用电量。为推动数据中心的节能减排，工业和信息化部在《工业节能"十二五"规划》中明确提出，到 2015 年，数据中心 PUE 值需下降 8%。国家发改委等组织的"云计算示范工程"也要求示范工程建设的数据中心 PUE 要达到 1.5 以下。现在国内很多数据中心的 PUE 值大多在 2～3 之间，而一些欧美国家的数据中心的 PUE 值可以达到 1.5 甚至惊人的 1.1。由此可见，国内外数据中心的 PUE 数值存在着差距，PUE 达标之路任重而道远。

第7章
通信局房设计的立体化方案

7.1 立体化设计的概念特征及应用现状分析

本节首先简要地介绍立体化设计中最基本的概念——立体构成，随后对立体化设计的相关要点及常用方法进行阐述，并通过通信设计行业中立体化设计的应用现状与其他主要设计行业，包括平面设计、工业产品设计、建筑设计进行对比，引出在通信设计行业中开展立体化设计的紧迫性。

7.1.1 立体构成

由平面设计向立体化设计演进，其形态思维的变化决定着设计转化的综合成效，立体构成是需要掌握的最基本概念。

所谓立体构成，是一门研究在三维空间中如何将立体造型要素按照一定的原则组合成赋予个性的美的立体形态的学科。整个立体构成的过程是一个从分割到组合或从组合到分割的过程。任何形态可以还原到点、线、面，而点、线、面又可以组合成任何形态。立体构成的探求包括对材料形、色、质等心理效能的探求，材料强度的探求，以及加工工艺等物理效能的探求。

立体构成是对实际的空间和形体之间的关系进行研究和探讨的过程。空间的范围决定了人类活动和生存的世界，而空间却又受占据空间的形体的限制，艺术家要在空间里表述自己的设想，自然要创造空间里的形体。立体构成中形态与形状有着本质的区别，物体中的某个形状仅是形态的无数面向中的一个面向的外廓，而形态是由无数形状构成的一个综合体。

立体构成是由二维平面形象进入三维立体空间的构成表现，两者既有联系又有区别。"联系"是：它们都是一种艺术训练，引导了解造型观念，训练抽象构成能力，培养审美观，接受严格的纪律训练；"区别"是：立体构成是三维度的实体形态与空间形态的构成。结构上要符合力学的要求，材料也影响着和丰富了形式语言的表达。立体是用厚度来塑造形态，它是制作出来的。同时立体构成离不开材料、工艺、力学、美学,是艺术与科学相结合的体现。

7.1.2 立体化设计的概念和要点

立体化设计是包括立体构成在内,并考虑其他众多要素,使之成为完整造型的活动。设计的领域非常广泛,可分为商业设计、工业设计、环境艺术设计等门类,而这些艺术门类还可以细分为广告设计、书籍设计、包装设计、广告设计、展示设计、服装设计、染织设计、室内外环境设计等专业门类。

立体化设计的方案构思不完全依赖于设计师的灵感,而是把灵感和严密的逻辑思维结合起来,通过逻辑推理的办法,并结合美学、工艺、材料等因素,确定最终方案。因此,作为设计者,不仅要掌握立体造型规律,而且还必须了解或掌握技术、材料等方面的知识和技能。

人们生活在各种三维的形态环境中,从日常使用的各种物品,到所居住的环境,乃至人类自身和整个宇宙,无一不是三维形态。因此,与二维空间相比,三维空间与人类更加息息相关。人们虽然生活在三维形态中,但常常习惯于从平面的角度去思考、在平面上表现造型,无形中具有平面的造型观念和意识。因此,从平面到立体,从二维到三维必须要有立体的空间意识和观念,掌握三维造型的基本原理和知识。

立体化设计方案,就是基于人的空间想象能力和意识,研究和探讨在三维空间中如何运用立体造型要素和语言,按照形式美的原理创造出富有个性和审美价值的立体空间形态,基于严密的逻辑思维提供符合理性和立体造型规律的方案。通过对立体形态进行科学、系统的分析和研究,掌握立体造型的基础知识和表现手法,从而创造出新的艺术形态。

立体化设计方案主要运用分解与组合的方法予以体现。所谓分解,就是将一个完整的造型对象分解为若干个基本造型要素,实际上是将形态还原到最原始的基本状态;而组合则是直接将最基本的造型要素按照立体造型原理重新组合成新的形态的设计。

7.1.3 立体化设计应用现状

1. 平面设计中的立体化设计应用

平面设计,也称作视觉传达设计。内容包括:广告设计、企业形象设计、品牌设计、字体设计、标志设计、编排设计、书籍设计、产品包装设计、展示设计、商业空间设计、视频编辑等,是沟通传播、风格化以及通过文字和图像解决问题的艺术。

平面设计中由于其设计方向的限制,立体化设计应用的开展较为简单,大部分的设计专业甚至不需要立体化的展现方式,如编排设计、书籍设计等,但对于特定的设计方向,如室内装潢设计,又需要向客户提供设计方案的拟实展现,不可避免地需要立体化设计方式来展现其设计理念,便于客户理解和沟通。

立体化设计在平面设计中的应用主要是作为方案展现的手段,往往不需要后台信息的嵌入,最主流的方式通常为方案建模后输出的静态图片与动态视频相结合的展现模式。

2. 工业产品设计中的立体化设计应用

在现代人类的生活中已经无法离开工业产品设计,从喝水用的杯子到家里陈设的家具,从使用的各类电器到身上漂亮的衣着,还有出行乘坐的交通工具,以及珠宝首饰装饰品等,都是工业产品设计的范畴。工业产品设计是使人们的生活更舒适、更惬意的一种手段。这种设计客观真实地影响着人们的生活。工业产品设计是科学技术与艺术的融合，是工业产品的使用功能和审美情趣的完美结合，所以在工业产品设计中特别强调产品设计的功能性、审美性和经济性。随着时代的发展，现代工业产品设计的发展也已经历了一个多世纪，在发展中，工业产品设计被更多地注入了精神和文化的内涵。工业产品的设计过程是把抽象的理念和技术转化为可以摸得到的实实在在的东西，这种抽象的理念就是创造性思维。

创造性思维需要创造性的展现，相对于建筑设计行业的复杂度和各专业的融合度，工业产品设计涉及的领域较单一、难度较低，因此立体化工业产品设计概念也是所有行业中走得最快、最前沿的。工业产品设计多采用虚拟现实技术，通过产品建模、人机交互等方式向客户直观展现产品的功能性和美观性，现阶段的 3D 打印技术也是基于立体化工业产品设计演进的。

3．建筑行业中的立体化设计应用

建筑设计是指建筑物在建造之前，设计者按照建设任务，把施工过程和使用过程中所存在的或可能发生的问题，事先做好通盘的设想，拟定好解决这些问题的办法、方案，用图纸和文件表达出来，作为备料、施工组织工作和各工种在制作、建造工作中互相配合协作的共同依据，便于整个工程得以在预定的投资限额范围内，按照周密考虑的预定方案，统一步调，顺利进行，并使建成的建筑物充分满足使用者和社会所期望的各种要求。

建筑设计是对空间进行研究和运用的艺术形式，空间问题是建筑设计的本质，在空间的限定、分割、组合的过程中，同时注入文化、环境、技术、材料、功能等因素，从而产生不同的建筑设计风格和设计形式。空间以及空间的组织结构形式是建筑设计的主要内容。建筑设计是在自然环境的心理空间中，利用建筑材料限定空间，构成一个最小的物理空间，这种物理空间被称为空间原型，并多以几何形体呈现。由某种或几种几何形体之间通过重复并列、叠加、相交、切割、贯穿等方法，相互组织在一起，共同塑造了建筑的形态。不难看出，在建筑设计中，立体构成的原理和法则被广泛地应用。建筑的组织结构形式和立体构成中的形体组合构成是相同的，那些立体构成中的组合原理、规律和方法都可以在建筑设计中运用。

传统的建筑设计采用的是三面投影的方式，通过平、立、剖面组合图纸，把设计者的意图和全部的设计结果表达出来，并作为工人施工制作的依据。设计图纸不仅要解决各个细部的构造方式和具体做法，还要从艺术上处理细部与整体之间的相互关系，包括思路、逻辑上的统一性，造型、风格、比例和尺度上的协调等，细部设计的水平常在很大程度上影响整个建筑的艺术水平。

随着计算机技术的发展和各类设计软件的完善，将虚拟现实技术应用在建筑设计领域已成为当下的主流设计方式。起初，通过建模、渲染、剪辑、输出精美逼真的建筑效果图，给客户直观展现拟实化的局部和全局的效果；之后漫游动画的应用，又提供了前所未有的人机交互性、真实建筑空间感、大面积三维地形仿真等特性；乃至当下最流行的 BIM（Building Information Modeling）即建筑信息模型概念，其最核心的理念就是在三维的建筑模型中承载了建筑工程项目的各项相关信息数据，通过统一的完整的信息模型的建立解决了各专业协同设计、传统设计的信息碎片性，建筑完工后信息维护等一系列难题。

4．通信设计行业中的立体化设计应用

通信设计行业从设计范围和专业性角度来看，介于工业产品设计和建筑设计之间。通信

设计需要兼顾通信局房内部空间的应用设计与所涉及的通信、电源、空调设备等资源的应用设计。其中通信局房内部空间设计涵盖土建、空调、电源、消防、照明、装修等各专业的协同设计；设备资源的设计同样涵盖涉及各厂家通信设备、电源设备、空调设备乃至走线架/槽道资源规划。

通信设计现阶段尚无立体化设计的完整方案，其传统方式多采用平面图纸来展现设计方案，用数据表格来汇总和展现设计细节。设计的方式呈现碎片性、跳跃性、专业间隔离性等特点，方案的汇报评审通常需要设计师通过口述的方式将其碎片性的方案关联起来，现场施工往往也需要设计师到现场辅助指导。

因此，引进立体化设计不仅是设计行业的一个主导趋势，也是通信设计行业自身的迫切需要，在下一节中我们将对通信局房立体化设计的可行性做进一步的分析。

7.2 通信局房立体化设计的可行性分析

本节首先从技术演进、客户需求、施工需求及自身需求等方面分析国内通信设计专业现状及其弊端，随后介绍建筑设计行业中的立体设计概念——BIM 及其相关建模软件的特点和适用范围，最终得出契合通信设计行业专业性的可行的立体化设计方案。

7.2.1 通信局房工艺设计现状分析

国内通信设计行业伴随着中国通信业技术日新月异的发展也在不断地成长，从最初的 2G 网络建设到后来的 2G/3G 网络建设，乃至未来更新型的网络建设中，通信设计行业都是不可或缺的重要助力。通过多年的积累和快速的进步，目前中国通信设计行业已具备了较高的设计水平；同样客户对设计质量的要求也在不断提升。在竞争激烈的通信设计行业，通信设计企业如何能够在保有现有市场的基础上拓展市场和业务范围，企业创新能力是至关重要的因素。

目前，通信局房设计仍是通信设计企业的主体业务，如何将创新应用于通信局房工艺设计，也是通信设计企业面临行业内激烈竞争必须考虑的问题。传统的通信局房工艺方案多采用二维平面设计的方式，通过平面方案规划机房近期、远期平面布局、线缆走线等，通过文字描述或者剖面示意图的形式规划机房立面方案，最终展现给客户的设计是多张平面图纸、多份说明文档及表格的集合。

对于客户而言，设计的内容淹没于大量的图纸及文档之中，查阅有效信息的效率大大降低，直观性不高；对于设计师而言，由于设计方案各部分的关联性，通常一个细节的方案的变动就需要大量的全局修改设计方案，费时费力并容易造成设计方案的细节缺失和错误。通信技术及设备的演进、通信局房规范的标准化要求提升、运营商需求的提升等对通信设计提出了新的要求。伴随着通信网络技术的演进，通信设备类型层出不穷，局房规划难度逐步增加，传统的二维机房设计已经不能满足运营商的需求，通信局房设计应逐步向精细化、模块化演进。目前通信局房二维设计存在的主要问题有：规划、工艺阶段设计不直观，反馈周期较长；施工结果与设计不可避免地存在偏差，施工质量无法有效保证；施工过程需设计人员配合，浪费人力资源等。综合考虑通信局房二维设计的局限性及通信局房立体化设计的直观、精细化等特点，通信局房的立体化设计将是未来通信局房设计发展的必然趋势。

将传统的平面设计演进为立体化设计方案的可行性主要取决于两个因素：一是简单易学、直面设计的立体建模软件；二是完全封装、便于查询的立体展示软件。首先，由于通信局房立体化设计的定位仅是对传统的平面设计的演进，其重点在于工艺方案的展现，并不追求建立细致、逼真的模型，因此建模软件的选择应主要基于简单、便捷、易于上手等特征，如有需要，可通过后期的渲染、加工制作较为逼真的效果图；其次，通信设计行业在现代通信业的地位和专业性决定了其最终的方案展示应具有直观、全面、不可更改等特性，传统的设计大多将设计图纸、表格及文本转换为不可修改的格式，如 PDF 文件，而立体化方案的展示既可以采用传统的图纸、表格等展现形式，也可以采用视频、动态立体模型等新颖的方式展示，因此完全封装的动态立体展示软件也是立体化设计中重要的一环。

目前在设计行业普遍应用的 CAD 软件有很多，大致可以有以下几种类型。

第一种是 AutoCAD 及以其为平台编写的众多的专业软件。这种类型的特点是依赖于 AutoCAD 本身的能力，而 AutoCAD 由于其历史很长，为了照顾大量老用户的工作习惯，很难对其内核进行彻底的改造，只能进行缝缝补补的改进。因此，AutoCAD 固有的建模能力弱的特点和坐标系统不灵活的问题，越来越成为设计师与计算机进行实时交流的瓶颈。即使是专门编写的专业软件也大都着重于平、立、剖面图纸的绘制，难以满足设计师在构思阶段灵活建模的需要。

第二种是 3DSMAX、MAYA、SOFTIMAGE、LIGHTWAVE、TRUESPACE 等具备多种立体建模能力及渲染能力的软件。这种类型软件的特点是虽然自身相对完善，但是其目标是"无所不能"和"尽量逼真"，因此其重点实际上并没有放在设计的过程上。即使是 3DSVIZ 这种号称是为设计师服务的软件，其实也是 3DSMAX 的简化版本而已，本质上都没有对设计过程进行重视。

第三种是 RIHNO、FORMZ 这类软件，不具备逼真级别的渲染能力或者渲染能力不强，其重点就是建模，尤其是复杂的模型。但是，由于其面向的目标是工业产品造型设计，所以很不适合建筑设计师、室内设计师使用。

第四种是 Revit Architecture/Structure/MEP、Bentley MicroStation、ArchiCAD/AllPLAN/VectorWorks、Digital Project/CATIA、Sketchup 等 BIM 概念基础的系列软件，BIM 是最近新兴的一个概念，其主要理念是以建筑工程项目的各项相关信息数据为模型的基础，进行建筑模型的建立。该类软件将信息数据与立体建模紧密结合，直接面向设计过程，遵循设计师的构思思路并最终通过模型集成信息的方式将设计方案展现在客户眼前，提高客户的感知度。

通过上述 4 类软件的对比，以 BIM 设计理念为基础的系列软件最符合现代通信局房工艺设计的特点。首先，通信局房工艺设计以满足通信设备建设、最大限度地提高机房的有效利用率为主要目的，其所设计机房大多为长方形、大开间的简单类型，因此并不需要复杂的建模软件；其次，完整的机房工艺需要多个专业协同设计，所涉及的数据繁多尤其是边界点处的数据，该部分数据对接往往需要进行大量的核实工作，并且随着方案的变动需要重复地校验。将信息数据与立体模型紧密联系，通过模型信息校验将设计人员从重复的工作中解脱出来，这正是 BIM 的核心理念，因此 BIM 系列软件较符合通信局房立体化设计的要求。

7.2.2　BIM 核心建模软件介绍

BIM 核心建模软件主要是以 BIM 概念为核心研发的，其主要的应用场景为建筑行业所涉及的各专业，按照功能可分为三大类：基于绘图的 BIM 软件、基于专业的 BIM 软件和基于管理的 BIM 软件。目前市面上并没有针对通信行业的专业 BIM 设计软件，因此我们需要寻找一个适合并涵盖通信设计的专业软件或可以进行二次开发转变为通信设计的 BIM 软件。下面对常见的 BIM 软件做一个简要的介绍。

1. Autodesk 公司的 Revit Architecture/ Structure/MEP 系列软件

Revit BIM 系列软件主要分为建筑——Architecture、结构——Structure 和设备——MEP 3 个系列。

Revit Architecture 软件可以使设计师重新拥有中意的工作方式：不受软件束缚，自由设计建筑，可以在需要的任何视图中工作，在各个设计阶段都可以修改设计，快速、轻松地对主要的设计元素做出变更，甚至可以在设计的晚期做出变更，而无需担忧如何协调平面图、明细表和施工图纸。

Revit Structure 软件是专为结构工程公司定制的建筑信息模型（BIM）解决方案，拥有用于结构设计与分析的强大工具。Revit Structure 将多材质的物理模型与独立、可编辑的分析模型进行集成，可实现高效的结构分析，并为常用的结构分析软件提供了双向链接。它可帮助您在施工前对建筑结构进行更精确的可视化，从而在设计阶段早期制定更加明智的决策。Revit Structure 提高了编制结构设计文档的多专业协调能力，最大限度地减少错误，并能够加强工程团队与建筑团队之间的合作。

Revit MEP 是通过数据驱动的系统建模和设计来优化建筑设备与管道（MEP）专业工程。在基于 Revit 的工作流中，它可以最大限度地减少设备专业设计团队之间以及与建筑师和结构工程师之间的协调错误。Revit MEP 软件是基于建筑信息模型的、面向设备及管道专业的设计和制图解决方案。

在目前的设计行业中，Autodesk 公司旗下的 AutoCAD 已是主流的平面设计软件之一，Revit 通过 AutoCAD 市场占有率的天然优势已经获得不小的使用群体，但 Revit 程序启动慢，占用资源多，用户体验差，速度是它最大的瓶颈和短板。

2. Bentley 公司的 MicroStation 系列软件

MicroStation 是美国 Bentley 公司研发的 CAD 软件，是国际上和 AutoCAD 齐名的二维和

三维 CAD 设计软件。MicroStation 的第三方软件超过 1000 种，其领域涵盖了土木、建筑、交通、结构、机电、管线、图纸管理、地理信息系统等多方面。

MicroStation 具有以下几大优势。

（1）MicroStation 是综合软件解决方案中的创新平台。利用此平台，用户可在保持整个项目所有数据真实性的同时，使用行业特定的解决方案"进入细分行业"并提高工作效率。

（2）易于学习和使用。MicroStation 拥有强大的二维/三维建模和可视化功能。此外，MicroStation V8 XM Edition 还支持多种访问形式。简洁、直观的新界面使新、老用户都可以轻松访问各种强大的新功能。

（3）本地 dwg 支持。MicroStation 通过一个平台支持多种文件格式。全球 95% 的基础设施都是使用 DGN 和 DWG 文件进行设计、建造和维护的。MicroStation 用户可以同时以这两种文件格式直接编辑内容。

（4）Mircosoft Sharepoint 协作。ProjectWise StartPoint 是一个以 Microsoft Office SharePoint 技术为基础的入门级协作工具，其核心功能在于：支持用户管理、查找和共享 CAD 及地理信息内容、项目数据和 Office 文档。ProjectWise StartPoint 技术通过 MicroStation V8 XM Edition 实现，并在 ProjectWise Passport 中启用。ProjectWise StartPoint 为大部分时间在同一办公室工作的团队提供了低成本的入门级解决方案。

（5）设计历史记录功能提供了完整的修改控制系统，支持用户跟踪和查看不断进行的各种更改，并使用数字签名验证所做更改，从而确认任何设计文档的状态。通过在 DGN 文件中启用设计历史记录，每次所做的添加、删除、控制或编辑都会被记录下来，以供将来跟踪。设计叠代可以在关键阶段进行比较，也可以比较图形之间的差异。设想如果没有这种功能，管理变更将是一件多么棘手的事情。

（6）在一致性方面，MicroStation 推出了全新的基于任务的工具和元素模板，结合使用这些工具和模板可让团队协同工作，创造一致的工作成果。Tasks 功能还可采用统一方式将各个行业应用程序的所有功能组合在一起，使用户可以将其对产品的了解和认识传递给他人。在 MicroStation V8 XM Edition 平台中开发时，MicroStation 这一强大的创新功能还可使 Bentley 行业单点综合解决方案保持一致性。

Bentley 公司的 BIM 软件产品在工厂设计（石油、化工、电力、医药等）和基础设施（道路、桥梁、市政、水利等）领域有无可争辩的优势。但由于其使用成本较高，一般应用于重点项目级设计。

3. Nemetschek 公司的 ArchiCAD/AllPLAN/VectorWorks 系列软件

2007 年 Nemetschek 收购 Graphisoft 以后，ArchiCAD/AllPLAN/VectorWorks 3 个产品就被归到同一个门派中了，其中国内同行最熟悉的是  ArchiCAD，属于一个面向全球市场的产品，应该可以说是最早的一个具有市场影响力的 BIM 核心建模软件，但在中国由于其专业配套的功能（仅限于建筑专业）与多专业一体的设计院体制不匹配，因此很难实现业务突破。Nemetschek 的另外两个产品——AllPLAN 主要市场在德语区，VectorWorks 则是其在美国市场使用的产品名称。

4. Dassault 公司的 CATIA/Digital Project

Dassault 公司的 CATIA 是全球最高端的机械设计制造软件，在航空、航天、汽车等领域具有接近垄断的市场地位，应用到工程建设行业，无论是对复杂形体还是超大规模建筑，其建模能力、表现能力和信息管理能力都比传统的建筑类软件有明显优势，而与工程建设行业的项目特点和人员特点的对接问题则是其不足之处。Digital Project 是 Gery Technology 公司在 CATIA 基础上开发的一个面向工程建设行业的应用软件（二次开发软件），其本质还是 CATIA，就和天正的本质是 AutoCAD 一样。

5. Google 公司的 Sketchup

Sketchup 是美国@last software 公司于 2000 年前后开发出来的新一代建筑设计软件，基于面向对象编程语言 Ruby。@last software 公司于 2006 年 3 月被 Google 公司收购，Google 公司计划用 Sketchup 来实现三维虚拟城市，并与它的另一款软件 Google earth 合并使用以实现数字地球。Sketchup 自问世以来就不同凡响，在短短的五六年时间已风靡全球，它简单易学，建模思路独特先进，人们称它是最智能的建筑三维设计软件。Sketchup 软件一直以来都有免费版，并且为二次开发提供开放接口。

Sketchup 严格来说并不完全符合 BIM 软件的标准，原因在于@last software 公司被 Google 公司收购后的 6.0 版在发展方向上发生了根本性的转变，Google 公司的目标是实现数字地球，Sketchup 为此目标而服务。Google 把 Sketchup 定位为人人可以使用的 3D 软件，由于 Sketchup 的免费性、开放性，在其基础上进行二次开发可以拥有自主版权，因此吸引了不少 BIM 爱好者对其进行开发，这样一款便宜、易学、智能的建筑三维虚拟建造软件无疑是 BIM 理念软件里的一匹强劲黑马，再结合基于 Sketchup 的信息模型资源库，Sketchup 在即将来临的建筑三维虚拟建造时代将不可低估。

通过上述软件的介绍，主要目的是希望读者能对 BIM 软件具有初步的了解和认识，基于所涉及的项目和公司实际条件选择适合的工具。BIM 在中国尚属一个新兴的概念，如何将 BIM 同国内的市场特色，特别是与通信设计行业相结合，需要通信设计人的共同努力，我们相信 BIM 将会给国内通信设计业带来一次巨大变革。

7.3 节中将会采用 Google 公司的 Sketchup 为读者初步介绍如何将立体 BIM 软件与通信局房工艺设计相结合，并通过 Sketchup 的开放接口进行切合通信设计的二次开发。7.4 节将会简单介绍基于 Autodesk 公司的 Revit 系列软件的通信局房立体化方案的研究。

7.3 基于 Sketchup 的通信局房立体化设计方案

通信局房的立体化工艺设计首先需要将机房现状通过 3D 设计软件将其立体化，然后在其基础上进行相关的工艺设计。传统的立体化软件主要致力于实现逼真的效果，给人以"身临其境"的感觉，应用场景多为建筑、工业设计或室内装潢的效果图，并且前期软件专业程度较高，对硬件的要求也比较苛刻，因此无法大面积推广。随着科技的发展，立体化应用范围逐渐推广，大量优秀的立体化软件的诞生，尤其引入了"信息模型"概念，开辟了一条由立体化效果转化为立体化设计的道路。本节将为读者初步介绍如何通过 Google Sketchup 软件与通信局房工艺设计相结合，将传统的通信局房平面设计转换为立体化实现。

7.3.1 Google Sketchup 简介

Google Sketchup 是一套直接面向设计方案创作过程的设计工具，其创作过程不仅能够充分表达设计师的思想，而且完全满足与客户即时交流的需要，它使得设计师可以直接在电脑上进行十分直观的构思，是三维设计方案创作的优秀工具。

其产品具有以下特点。

（1）独特简洁的界面，可以让设计师短时间内掌握。

（2）适用范围广阔，可以应用在建筑、规划、园林、景观、室内以及工业设计等领域。

（3）方便的推拉功能，设计师通过一个图形就可以方便地生成 3D 几何体，无需进行复杂的三维建模。

（4）快速生成任何位置的剖面，使设计者清楚地了解建筑的内部结构，可以随意生成二维剖面图并快速导入 AutoCAD 进行处理。

（5）与 AutoCAD、Revit、3DMAX、PIRANESI 等软件结合使用，快速导入和导出 DWG、DXF、JPG、3DS 格式文件，实现方案构思、效果图与施工图绘制的完美结合，同时提供与 AutoCAD 和 ARCHICAD 等设计工具的插件。

（6）自带大量门、窗、柱、家具等组件库和建筑肌理边线需要的材质库。

（7）轻松制作方案演示视频动画，全方位表达设计师的创作思路。

（8）具有草稿、线稿、透视、渲染等不同的显示模式。

（9）准确定位阴影和日照，设计师可以根据建筑物所在地区和时间实时进行阴影和日照分析。

（10）简便地进行空间尺寸和文字的标注，并且标注部分始终面向设计者。

7.3.2　Google Sketchup 安装

2006 年，Google 公司收购了@Last Software Google 开发的 Sketchup 后，将之前只能试用 8 个小时的限时免费策略转变为对全用户提供免费下载版本。2012 年 4 月 26 日，Google 宣布已将其 SketchUp 3D 建模平台出售给 Trimble Navigation。Sketchup 与 Trimble 整合的目的是为了给这个产品带来更多的机会，使得那些真正需要这个平台的人，或者真正能利用这个平台的人，能开发更多的新功能，让平台变得越来越好。但是，虽然合并，SketchUp 仍会继续提供免费版平台。目前 Sketchup 的最新版本为 SketchUp 8.0，其官网下载地址为 http://www.sketchup.com/intl/en/download/gsu.html。其安装系统需求如下。

最低需求：操作系统：Microsoft Windows 2000、XP 或 Windows Vista；

　　　　　　CPU：600MHz Pentium III 处理器；

　　　　　　内存：128MB；

　　　　　　硬盘：80MB；

　　　　　　显卡：需支持 OpenGL；

　　　　　　IE 浏览器：IE 6.0 以上；

　　　　　　媒体播放器：Windows Media Player/QuickTime 5.0 以上。

推荐需求：操作系统：Microsoft Windows XP 或 Windows Vista；

　　　　　　CPU：2GHz Pentium 4 处理器以上；

　　　　　　内存：512MB 内存以上；

　　　　　　显卡：ati x1600 或同级以上。

Google 安装比较简单，只要按照软件的安装提示即可，其主要步骤如下。

（1）从 Trimble Sketchup 官网地址下载 Sketchup 安装文件，需要注意的是，官方共提供了专业版和大众版两个版本，其中专业版是需要付费的，其价格为 495 美元；大众版是面向个人用户的，是完全免费的。功能上两者的主要区别如下。

① 专业版用户可以导出比屏幕显示像素尺寸更大的图片。

② 专业版用户可以导出如下 3D 格式文件：DWG、DXF、3DS、OBJ、XSI、VRML、FBX。

③ 专业版用户可以导出 MOV 或 AVI 格式文件。

④ 专业版用户将得到 Sandbox 工具和 Film & Stage 工具。

⑤ 专业版用户可以得到为期两年的 E-mail 技术支持。

⑥ 最后，只有 Pro 版用户可以将 Sketchup 用于商业行为，免费版用户只能将 Sketchup 用于个人行为。

按照个人需求选择并下载合适的版本至本地计算机（官网现已提供中文版下载），然后双击安装文件 进入安装流程。

（2）进入安装向导后，选择"下一个"，如图 7-1 所示。

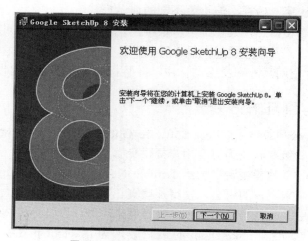

图 7-1　Sketchup 8 安装—欢迎界面

（3）接受用户许可协议并在该处打勾后，选择"下一个"，如图 7-2 所示。

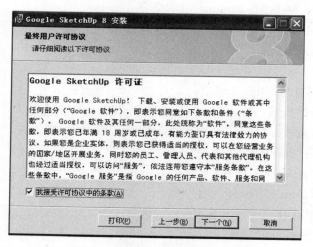

图 7-2　Sketchup 8 安装—用户协议

（4）在此界面内需要设置 Sketchup 的安装路径，其默认路径为 C 盘，安装路径设置好后便可以选择"下一个"，如图 7-3 所示。

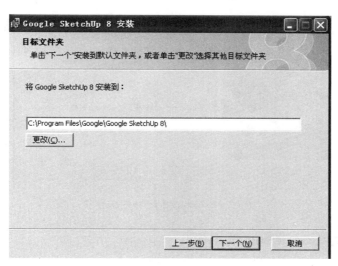

图 7-3　Sketchup 8 安装—设置安装目录

（5）正如 Sketchup 致力于成为一款适合大众的立体化软件一样，仅通过上面所述的简单设置，便进入了最终安装界面，如图 7-4 所示。

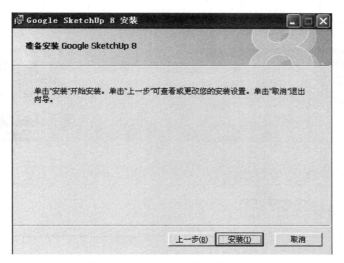

图 7-4　Sketchup 8 安装—开始安装

（6）点击"安装"，等待一段时间后，恭喜您已完成 Google Sketchup 的安装，现在您已可以进入 Sketchup 的 3D 世界，探索 3D 设计的奇妙，如图 7-5 所示。

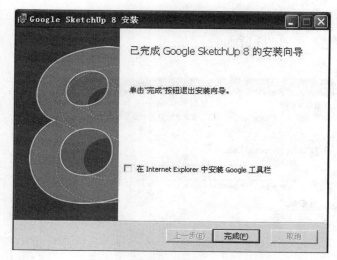

图 7-5　Sketchup 8 安装—完成界面

7.3.3　Google Sketchup 使用简介

本书采用 Sketchup 进行立体化通信局房设计，下面将对 Sketchup 的使用做一个简单的介绍，由于篇幅有限，不会详细介绍 Sketchup 的使用技巧，读者可参考其他的专业书籍进一步学习 Sketchup 的应用技术。

第一次使用 Google Sketchup 时会提示您按照个人需求进行设计模板的选择，可供选择的模板主要有简单模板、建筑设计、产品设计与木工、Google 地球建模等几大类，每个类别又根据其最小设计单位继续细分。按照所属设计行业的特性及习惯，本书选择"建筑设计-mm"模板。当第一次设定好设计模板后，后期会自动默认使用该模板，如图 7-6 所示。

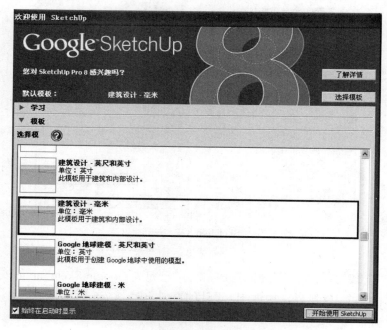

图 7-6　Sketchup 8 选择模板界面

选择好设计模板后单击"开始使用 Sketchup"按钮，就正式进入了 Sketchup 的工作界面，如图 7-7 所示。

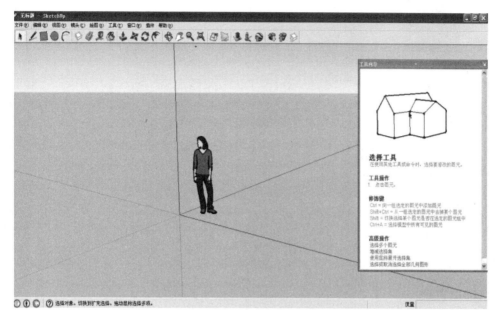

图 7-7　Sketchup 工作界面

如图 7-7 所示，在软件界面的右半部分有 Sketchup 提供的具有动态演示功能的工具向导，通过该工具向导，使用者可以快速掌握 Sketchup 的简单操作。一般来说，具有一定经验的设计人员（前期接触过相关的设计软件，如 CAD 等）一两天可以快速掌握该软件的使用技巧，下面本书将对 Sketchup 的一些特色操作进行简单的介绍。

"推拉"功能：通过该功能，Sketchup 依据设计者的思维过程，大大简化了生成 3D 几何体的过程，而无需进行复杂的三维建模。如图 7-8 所示，要生成一个立方体，只需先通过 先画一个矩形，然后再选择 并将鼠标移至该矩形上，当矩形显示为被选中状态时，点击鼠标左键并沿"Z"方向移动鼠标，便会发现一个立方体就生成了。正如您所见的那样，一切就是这么简单。当然，在你采用"推拉"工具移动鼠标的同时，可以输入数字以精确地控制生成 3D 模型的尺寸，其最小精度取决于你之前选择的模板，后期设计单位可通过"窗口—模型信息—单位"进行修改。通过"推拉"功能及绘图功能区的相关功能之间的组合就可以绘制较为复杂的立体模型。

Sketchup 与现行通用的设计软件具有完备的接口，可以快速导入和导出 DWG、DXF、JPG、3DS 等格式文件，通过选择"文件—导入"即可导入关联文件，这种功能可以利用前期所获得的基础资料，平滑了由平面设计升级到立体化设计的过程，如图 7-9 所示。

当然，Sketchup 还提供了其他很多功能，如视图模式、阴影雾化、镜头、漫游等，并可以通过这些功能制作平面展示图、立体动态模型展示、视频等后期展示方式。总之，基于 Sketchup 可以方便快捷地实现通信局房立体化模型，为通信局房立体化设计打下坚实的基础，下面将举例说明如何实现通信局房的立体化模型。

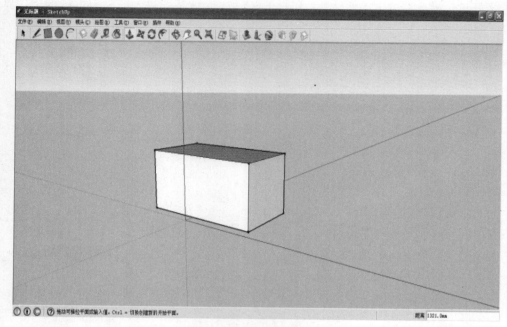

图 7-8　Sketchup "推拉" 成型

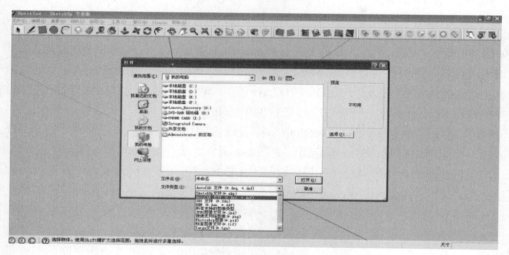

图 7-9　Sketchup 导入界面

　　按照通信设计的一般流程，首先获得的是建筑的土建平面并基于此进行机房的规划和设计。与以往的平面设计不同，首先要将土建图纸（CAD 格式）导入 Sketchup 作为立体化设计基础，为了便于后期在 Sketchup 中处理，需要对前期获得的土建图纸（CAD 格式）进行图纸预处理，图纸预处理质量的好坏决定了后期生成 3D 模型的速度。

　　图纸预处理的主要原则如下。

　　（1）按照功能及立面区域对图纸进行分层划分，如可划分为平面层（墙、地面）、设备规划层、走线桥架道层、走线规划层、照明层、消防层，这样的设置便于后期使用 "推拉" 功能直接成型，而不会受到关联影响。

（2）清洁图纸，由于 CAD 图纸中存在大量标注、文字及图例等信息，这些信息与后期的立体化实现无关，因此需要对于 CAD 图纸中的每一层，将这些无关信息删除掉。

（3）检查图纸是否存在多余的线，如长度极短的线、转角处两线没有连接等，这些隐藏的因素会大大影响后期立体模型生成的速度，当然这些在绘制 CAD 图纸时就需要注意，养成一个良好的绘图习惯可以节省大量后期修改的时间。

图纸预处理工作完成后，将其按照前期介绍的方法导入 Sketchup，并对其进行如下处理。

（1）选中导入所有图形并点击右键，选择"创建组"，将其定义为一个组。

（2）使用清理命令：窗口—模型信息—统计，选择对话框下方的"清理"。

（3）纠正所有目前产生的模型错误：窗口—模型信息—统计，选择对话框下方的"纠错"。

（4）在 CAD 导入图编成的组上点击右键，选择"锁定"，锁定功能会保证后期不会误删或误改你的底图。

经过上述步骤，就可以使用 Sketchup 开始正式建立机房的立体化模型，首先基于推拉高度将机房的土建平面分为地板层和墙体层，对导入底图形成面进行推拉，通过输入所需推拉的高度值保证模型的精确度，若底图缺失部分平面，可通过画线工具将构成此面的边重新描一遍即可生成该面。

首先选择任意连续面，通过"推拉"工具沿 Z 轴正方向移动，输入墙体高度（4300mm），效果如图 7-10 所示。

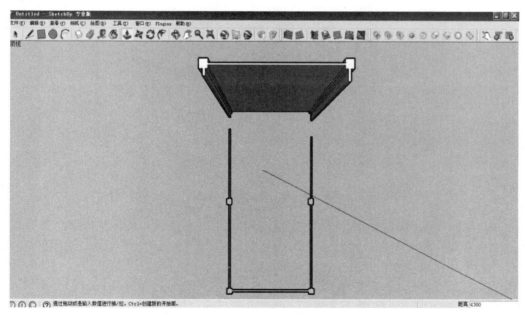

图 7-10　Sketchup 生成墙体

继续上述操作，将导入 CAD 图中的所有墙体都推拉至相同高度，最终效果如图 7-11 所示。

其他层与墙体层的处理方式基本相同，由于篇幅所限此处不一一具体介绍，最终机房生成效果如图 7-12 所示。

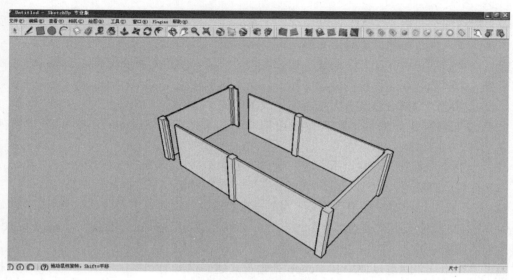

图 7-11　Sketchup 墙体最终效果

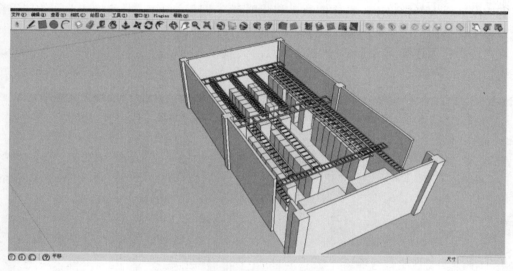

图 7-12　Sketchup 机房生成效果

　　由图 7-12 可见，通过 Sketchup 只需几步操作就可以生成简单的机房模型，当然图中的模型还略显简陋，机架千篇一律，还缺少机房门等必要元素，下节将介绍如何通过 Sketchup 的其他功能完善机房模型，并进一步提高建模的速度。

7.3.4　Google 在线 3D 模型库

　　如何将通信局房的模型设计得更为逼真，从而提高设计的可视效果，同时不会因此带来大量的工作量？这需要对设计的组元进行模块化，一旦模块搭建成功，后期便可在需要时快捷调用。可喜的是，Google 提供了一个基于 Sketchup 的可搜索的在线 3D 模型库，通过该模型库可以将 3D 模型库完全免费提供给人们查找及共享他们喜欢的任何东西的模型。

　　通过 Sketchup 中的"文件—3D 模型库—获取模型"，便可在 3D 模型库中进行搜索，如输入"door"，可以获得大量门的相关素材，如图 7-13 所示。

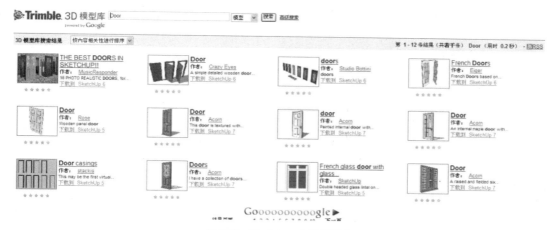

图 7-13　Sketchup 共享模型库

通过共享 3D 模型库，可以方便，快捷地获得大量的素材，利用好此模型库可以大大提高工作效率。当然，也可以通过发布作品的方式与大家共享建模。

7.3.5　自定义模块化素材库

在通信局房立体化设计中，需要在机房的相应位置布放对应设备，由于通信设计的专业性，许多素材并不能通过 Google 的共享 3D 模型库获取。为了提高设计的视觉效果，逼真再现设备，并提高立体化设计的速度，前期需要对各种设备进行组件化开发，制作模块化素材库。

模块化素材库主要是利用 Sketchup 软件进行绘制管理，通过现场拍照、手绘等方式绘制素材草图，并记录相应尺寸数据，然后将数字化的信息转化为 Sketchup 中的立体组件。需要注意的是，在素材库编制的初期就应该将各种因素综合考虑，如是否在后期需要将其转变为动态组件、组件内部如何定义群组、组件的信息管理如何定制等，这部分内容将在下面进一步介绍。部分模块组件示例如图 7-14 和图 7-15 所示。

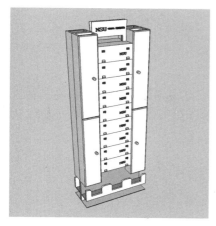

图 7-14　自定义模型组件示例 1

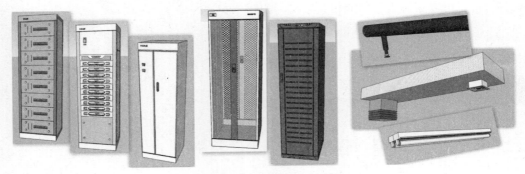

图 7-15　自定义模型组件示例 2

制作模块化素材的方式就是在 Sketchup 中对所需素材进行立体化建模，生成的文件为 Sketchup 的普通文件，文件后缀为 ".skp"。为了便于后期管理和调用，需要将生成的素材文件集中管理，一种方式是将生成的文件放置于 "安装路径\Components\" 下，调用时只需在 Sketchup 的工作界面中选择 "窗口—组件" 便可以轻松调用。

7.3.6　插件开发语言 Ruby

Sketchup 是大众性的、基于面向设计过程的立体化设计软件，并不是针对专业的局房立体化设计所开发的。对于通信行业，立体化设计仍然是一个空白的领域。基于通信行业设计的专业性和针对性，并不能把其他行业的设计技术照搬，因此，为了快速地实现通信局房立体化设计，使其具有推广意义，必须对 Sketchup 进行二次开发。可喜的是，Sketchup 提供了基于 Ruby 脚本语言的 API，利用 Ruby For Sketchup API 我们可以定制适合通信局房设计的专用插件，下面我们对 Ruby 语言进行简单的介绍。

Ruby 是一种为简单快捷的面向对象编程的脚本语言，在 20 世纪 90 年代由日本人松本行弘（まつもとゆきひろ/Yukihiro Matsumoto）开发，遵守 GPL 协议和 Ruby License。它的灵感与特性来自于 Perl、Smalltalk、Eiffel、Ada 以及 Lisp 语言。由 Ruby 语言本身还发展出了 JRuby（Java 平台）、IronRuby（.NET 平台）等其他平台的 Ruby 语言替代品。松本行弘始于 1993 年 2 月 24 日开始编写 Ruby，直至 1995 年 12 月才正式公开发布于 fj（新闻组）。因为 Perl 发音与 6 月诞生石 pearl（珍珠）相同，因此 Ruby 以 7 月诞生石 ruby（红宝石）命名。

减少编程时不必要的琐碎时间，令编写程序的人高兴，是设计 Ruby 语言的一个首要的考虑；其次是良好的界面设计。遵循上述的理念，Ruby 语言通常非常直观，按照编程人认为它应该的方式运行。

作为脚本语言，Ruby 是完全面向对象的：任何一点数据都是对象，包括在其他语言中的基本类型（比如整数、布尔逻辑值），每个过程或函数都是方法。Ruby 与其他脚本语言最鲜明的几个特点如下。

（1）完全面向对象：在 Ruby 语言中，任何东西都是对象，包括其他语言中的基本数据类型，比如整数。

（2）变量没有类型，Ruby 的变量可以保存任何类型的数据。

（3）任何东西都有值，无论是数学或者逻辑表达式还是一个语句，都会有值。

下面是一个在标准输出设备上输出 Hello World 的简单程序，这种程序通常作为开始学习编程语言时的第一个程序：

```
#!/usr/bin/env ruby
puts "Hello, world!"
```

可以看到，Ruby 语言的使用是如此之简单，具有其他语言编程基础的技术人员很容易上手，Ruby 语言中具体的细节可参考由 David Flanagan，Yukihiro Matsumoto 编写的《The Ruby Programming Language》一书。

7.3.7　通信局房立体化插件开发示例

由于 Sketchup 的设计理念与通信专业间的差异，为了提高立体化设计的时效性，必须进行二次插件开发。上一节介绍了 Sketchup 中开发插件的 Ruby 脚本语言的特点，本节便使用 Ruby 举例介绍几个为提高立体化设计效率而进行二次开发的小插件示例。

1．快速生成墙体插件

在通信局房的立体化设计研究中可以发现，由二维平面转化为三维立体的过程中不可避免地需要将由预处理后的 CAD 图纸导入至 Sketchup 的平面转化为三维的墙体。墙体的生成是三维立体形式的基础，由墙体的高度便可以获得立面的范围，取得空间的定位。虽然 Sketchup 提供了"推拉"的功能可以方便地成型墙体，但是 CAD 图纸中的墙体往往被立柱所分割，特别是对于大型的核心节点机房，通常建筑结构复杂，需要多次"推拉"方可将机房整体构建。如果采用纯手动无插件的方式，对于一个实体，需要操作一次，那么如果一张图中有 n 个实体，就需要操作 n 次。对于这种低价值、重复性操作，我们要坚决说"No"。我们通过 Ruby 开发快速生成墙体插件，只需要输入一个高度，整个图纸中的所有墙体全部生成，极大地提高了转化的速度，降低了设计中重复的工作量。

该插件的开发思路很简单，只需要使用 Ruby 对我们需要选择的实体建一个集合，然后通过外部输入的参数，对这个集合遍历"推拉"操作即可。下面是快速生成墙体插件的部分代码：

```
model = Sketchup.active_model
model.start_operation "rapidwall"
entities = model.active_entities
length = entities.length - 1
prompts = [" 高度　"]
value = [100.inch]
results = inputbox prompts, value, "Parameters"
return if not results # This means that the user canceled the operation
height = results[0]
i=0
j=0
for j in (0..length) do
        if (entities[j].typename == "Face") then
        i=i+1
        face = entities[j]
        status = face.pushpull height, true
        end# of if
```

```
    end # of for
      if (i==0) then
            UI.messagebox("No Face.")
            return nil
      end # of if
```

图 7-16 至图 7-18 所示为快速生成墙体插件的使用图例。

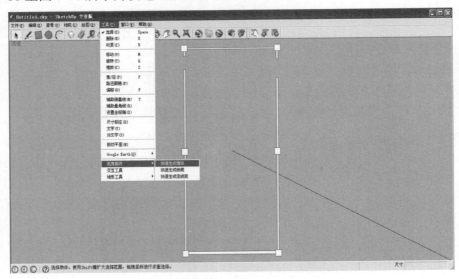

图 7-16　调用快速生成墙体插件

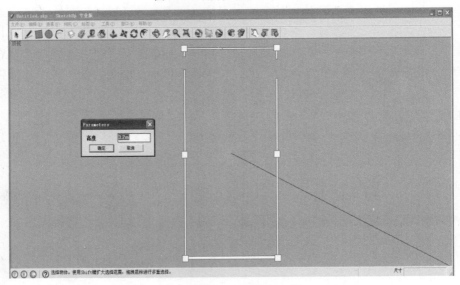

图 7-17　输入墙体参数

2. 快速生成走线架插件

在通信局房的立体化设计中，立面主要位于梁下至地面的高度范围内。按照由下至上的层次划分可分为地面（承重、孔洞）、设备区域、走线架区域、照明区域及消防区域。在走线架区域中，布放各种类型的走线架（如电源、信号、光纤、空调以及混合走线架），走线架的层数、高度、宽度也不尽相同。通过素材库中调用组件既不方便，也不准确，因此我们开发出了快速生成走线架插件，定制不同属性的走线架，提高设计的效率，减少重复的工作量。

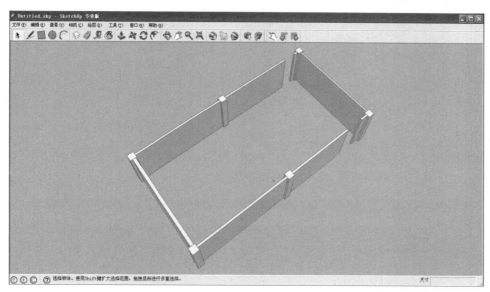

图 7-18　输入墙体参数

快速生成走线架部分代码：

```
       model = Sketchup.active_model
model.start_operation "rapidcableladder"
entities = model.active_entities
group = entities.add_group
  entities = group.entities
length = entities.length - 1
       prompts = [" 走线架长度　", " 走线架宽度　", " 走线架层数　", " 走线架层间距　"]
     values = [1000.mm, 400.mm, 2, 300.mm]
     results = inputbox prompts, values, "Stair Properties"
       length, width, num, gap = results
ht_edge = 50.mm
       wd_edge = width / 8
gap_pole = width / 2
pole_width = wd_edge / 2
pole_height = ht_edge / 2
pole_length = width - 2 * wd_edge
num_pole = length / ( pole_width + gap_pole )
j=1
while j <= num
     j = j + 1
     edge_face = entities.add_face([0, wd_edge, 0 + (j - 1) * gap], [0, wd_edge, ht_edge + (j - 1) * gap], [0, 0,
ht_edge + (j - 1) * gap], [0, 0, 0 + (j - 1) * gap])
       edge_face.pushpull length
     edge_face = entities.add_face([0, width, 0 + (j - 1) * gap], [0, width, ht_edge + (j - 1) * gap], [0,
```

```
width-wd_edge, ht_edge + (j - 1) * gap], [0, width-wd_edge, 0 + (j - 1) * gap])
        edge_face.pushpull length
        i=1
        while i < num_pole + 1
        pole_face = entities.add_face([0 + (i - 1) * ( pole_width + gap_pole ), wd_edge, pole_height / 2 + (j - 1) *
gap], [0 + (i - 1) * ( pole_width + gap_pole ), wd_edge, pole_height * 3 / 2 + (j - 1) * gap], [pole_width + (i - 1) *
( pole_width + gap_pole ), wd_edge, pole_height * 3 / 2 + (j - 1) * gap], [pole_width + (i - 1) * ( pole_width +
gap_pole ), wd_edge, pole_height / 2 + (j - 1) * gap])
        pole_face.pushpull pole_length
        i = i + 1
    end # of for
    end # of for
```

图 7-19 至图 7-21 所示为快速生成走线架插件的使用图例。

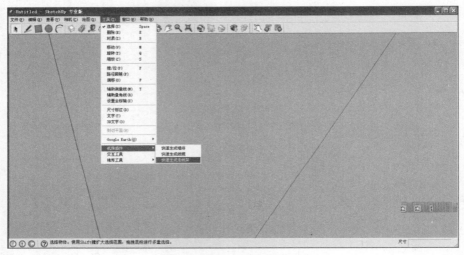

图 7-19　调用快速生成走线架插件

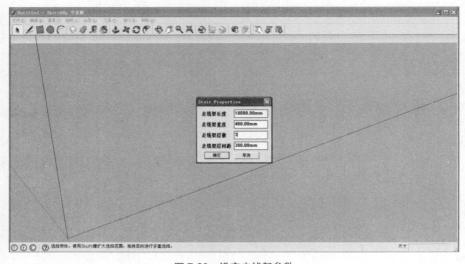

图 7-20　设定走线架参数

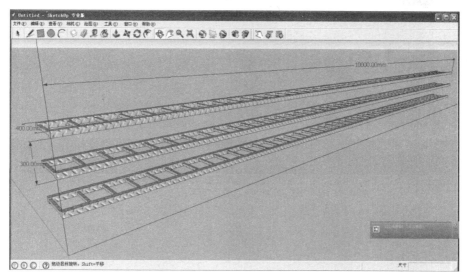

图 7-21　快速生成走线架效果

3．快速生成线缆插件

通信局房设计中的一个核心内容是线缆路由的设计。在传统的平面设计中，由于平面展示的局限性，线缆路由并不能真实、准确地表示，通常选用示意路由的形式。施工阶段质量的好坏往往取决于施工队的水平。三维立体的设计可以将走线路由的情况真实地显现出来，可直接指导施工，提升设计质量。

众所周知，线缆是由圆柱体组成的，在 Sketchup 中可以采用"路径跟随"功能绘制。但是，由于线缆数量极大、种类繁多、路由情况复杂，一根一根绘制线缆是不切合实际的，通过素材库的形式也不能包罗如此复杂的线缆情况。因此，我们开发了快速生成线缆插件，通过在 CAD 绘制线缆路由平面，导入至 Sketchup 中利用快速生成线缆插件，可以快速批量地生成线缆，提升设计的效率。

快速生成布线线缆部分代码：

```
model = Sketchup.active_model
model.start_operation "rapidcable"
entities = model.active_entities
group = entities.add_group
entities = group.entities
ss = model.selection
if ss.empty?
    UI.messagebox(" 未选择  ")
    return nil
end # of if
prompts = [" 线缆半径  "]
values = [10.mm]
results = inputbox prompts, values, "cable Properties"
radius = results[0]
j = 0
path = []
```

159

```
0.upto(ss.length - 1) do |something|
        path[j] = ss[j]
        j = j + 1
end # of upto
i = 0
k = 0
0.upto(ss.length - 1) do |something|
    if ( ss[i].layer.name == "test" )
        k = k + 1
        if (k > 1)
    UI.messagebox(" Error：选择线段中位于起始图层的条数大于 1")
        return nil
        end # of if
            pts = ss[i].vertices
        pt1 = pts[0].position
        pt2 = pts[1].position
        vec = pt1.vector_to pt2
        edge = entities.add_circle pt1, vec, radius
        face = entities.add_face edge
        face.material = Sketchup::Color.new(255, 0, 0)
        # follow me along lines
        face.reverse!.followme path
        model.commit_operation
    end # of if
    i = i + 1
end # of upto
if (k == 0)
    UI.messagebox(" Error：选择线段中位于起始图层的条数为 0")
    return nil
end # of if
```

图 7-22 至图 7-25 所示为快速生成线缆插件的使用图例。

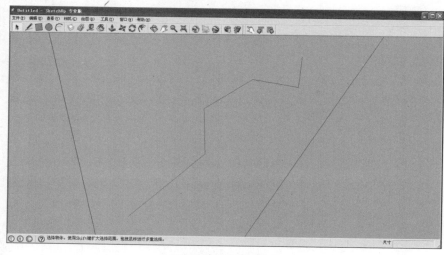

图 7-22　导入平面路由

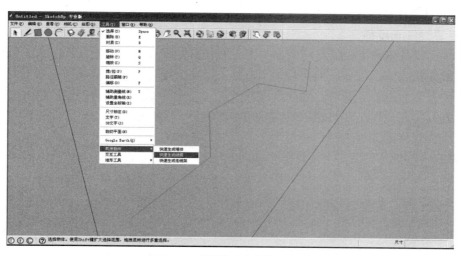

图 7-23　调用快速生成线缆插件

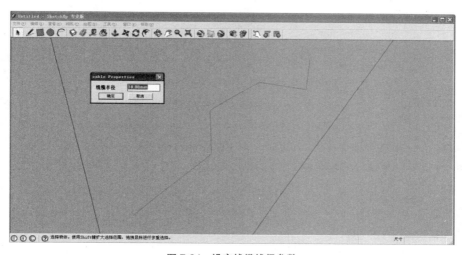

图 7-24　设定线缆线径参数

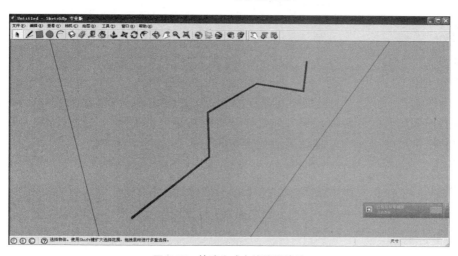

图 7-25　快速生成布线线缆效果

4．计算线缆长度插件

通信局房设计常常需要统计线缆的长度。在传统的平面设计中，使用 CAD 软件可以很方便地对线缆长度进行统计，但在立体化方案中，由于线缆是以圆柱体的形式而且软件并不是为通信设计专门进行开发的，因此线缆的统计功能是不能直接获得的，因此有必要进行相应插件的开发，此插件是在快速生成线缆插件的基础上开发的。

计算线缆长度部分代码：

```
0.upto(ss.length - 1) do |a|
if (ss[a].class == Sketchup::Group)
    grp[n] = ss[a]
    ent1 = grp[n].entities
    0.upto(ent1.length - 1) do |b|
        if (ent1[b].layer.name == "LineStart" ) or ( ent1[b].layer.name == "Line" )

                pts = ent1[b].vertices
            pt1 = pts[0].position
            pt2 = pts[1].position
            distance = pt1.distance pt2
                count = count + distance * 25.4
        end # of if
    end # of upto
n = n + 1
else
    if (ss[a].layer.name == "LineStart" ) or ( ss[a].layer.name == "Line" )

            pts = ss[a].vertices
        pt1 = pts[0].position
        pt2 = pts[1].position
        distance = pt1.distance pt2
            count = count + distance * 25.4
    end # of if
end # of if
end
```

图 7-26 至图 7-28 所示为计算线缆长度插件的使用图例。

通过上述工作，可以大大提高机房建模的效率，使通信局房立体化工艺方案具有可行性；通过不断的积累和开发，可以预见立体化设计将不再是高不可攀，其设计方案会扩展至通信设计行业的日常设计工作中，并逐步取代传统的平面设计。

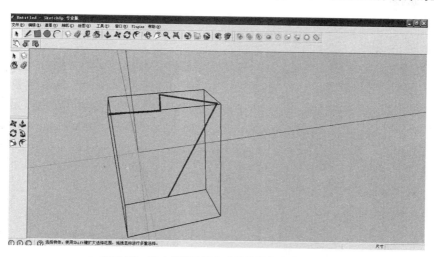

图 7-26　选中使用快速生成线缆插件生成的线缆

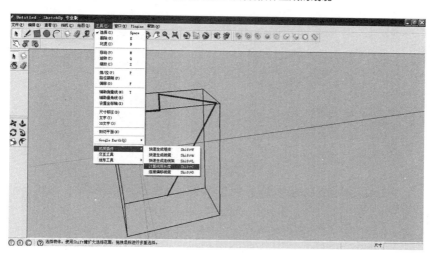

图 7-27　调用计算线缆长度插件

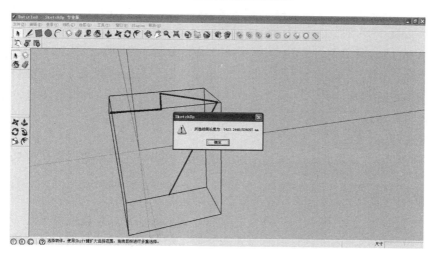

图 7-28　获得线缆长度

7.3.8 通信局房立体渲染效果图的制作

由于通信局房工艺是超前于局房正式使用前进行的规划设计，为了更好地表现方案，展现设计成果，提供一套照片级的远期机房使用效果是很有必要的。Sketchup 自身并没有内置的渲染器，要得到照片级的渲染作品，只能借助其他的渲染器来完成。可喜的是，随着 Sketchup 在设计行业的影响日益强大，支持 Sketchup 的渲染器也越来越多，如 V-Ray、Artlantis Studio、SU Podium、Twilight Render、Maxwell、THEA Render、Indigo Render、ArionOctane Render 等。大多数主流的渲染器多数通过插件和接口的方式来实现对 Sketchup 的渲染支持。本书采用 V-Ray for Sketchup 渲染器来举例演示如何对方案作品进行渲染出图。图 7-29 所示为通过 V-Ray for Sketchup 进行渲染的一张通信局房效果图。

图 7-29 通信局房渲染效果图

使用 V-Ray 对 Sketchup 模型进行出图主要由以下几个流程组成。

（1）建模

使用 Sketchup 建模命令完成对场景的建模或利用导入其他软件生成的建模模型。

（2）定义材质

对已完成的建模模型的表面定义材质类型，体现其物理的特性；Sketchup 自带的材质分类由金属、砖墙、木材、水体等组成，同样 V-Ray 也提供类似的材质、贴图编辑器，通过材质编辑器可定义不同材质的外观、光照参数等，此流程可以和第一步同时进行，也可在建模完成后统一设置。

（3）光照模拟

通过对场景设置光照环境参数来模拟现实的光照效果；光照参数需要在 V-Ray 的光源编辑器中配置。

（4）渲染

对设置好材质及光照参数的模型进行渲染。一般来说，先选择快速渲染，完成草图的初步效果，并根据草图效果来优化材质及布光的参数，最终完成高品质的成品渲染。同样，渲染的参数需要在 V-Ray 的渲染编辑器中配置。

（5）后期加工

V-Ray 渲染的作品最终还需进行后期加工和润色，例如，添加模型中的辅助元素（人物、动植物）、调整模型作品的色彩和亮度等。后期加工工具多选用当下主流的图像编辑软件，如 PhotoShop 等。

V-Ray for Sketchup 通过插件的方式来实现对 Sketchup 的渲染支持，安装方法与一般的插件方式相同。安装完 V-Ray，启动 SketchUp 后，会出现一个浮动的 V-Ray 工具条，如图 7-30 所示。

图 7-30　V-Ray for Sketchup 工具条

如果工具栏没有出现，还可通过单击插件→V-Ray for SketchUp 开启。

V-Ray 子菜单共有 3 个主要的功能面板，分别为：Options 面板、Material Editor 面板及 Render 面板。

在 Options 面板中主要对建模的环境及全局参数进行设置，需要设置的主要内容如图 7-31 所示。

```
┌─────────────────────────────────────────────────┐
│ V-Ray for SketchUp -- Render Options    [_][□][×]│
├─────────────────────────────────────────────────┤
│ File                                              │
│ Authorization                                     │
│ Global Switches                                   │
│ System                                            │
│ Camera                                            │
│ Output                                            │
│ Environment                                       │
│ Image Sampler                                     │
│ DMC Sampler                                       │
│ Color Mapping                                     │
│ VFB Channels                                      │
│ Displacement                                      │
│ Indirect Illumination                             │
│ Deterministic Monte Carlo GI                      │
│ Irradiance Map                                    │
│ Caustics                                          │
│ About                                             │
└─────────────────────────────────────────────────┘
```

图 7-31　V-Ray Options 面板

如图 7-31 所示，需要设置的参数主要有全局开关、系统参数、相机参数、输出设置、环境、图像采样、DMC 采样、色彩映射、VFB 通道等。虽然 V-Ray 看似有很多参数栏，但在实际配置中，需要更改的只是很少的一部分，而且每个参数栏往往仅有几个参数是需要调整的，并且 V-Ray 还提供参数配置保存功能，方便根据不同的场景调用。参数的调整通常取决于出图作品的质量、渲染机器配置等因素。总之，V-Ray 的参数调整不需要太多，这也是它简单易学、容易上手的原因之一。由于篇幅有限及内容的侧重点等因素，下面仅介绍 V-Ray 经常需要调整的几个关键参数，详细的 V-Ray 配置及使用还需感兴趣的读者自己查阅相关专业书籍。

1. 全局开关参数配置

如图 7-32 所示。

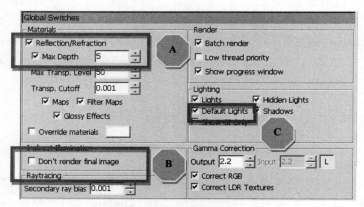

图 7-32　V-Ray 全局开关参数配置面板

（1）Reflection/Refraction

主要是设置是否使用反射和折射的效果，Max Depth 是对反射/折射效果的最大反弹数设置，当其关闭时，反射/折射效果的最大反弹数由个别材质的数值来定义；当其开启时，将作为全局设置取代个别设置。其数值越大，渲染效果越好，但渲染速度也越慢。

（2）Don't render final image

当此项在勾选状态下时，V-Ray 在进行光渲染后自动停止，而不是渲染全图，此功能在测试光效的时候经常使用。

（3）Lighting

进行全局灯光设置，一般勾选 Default Lights。但需要注意的是，如果要全手动打光，需将此项关闭。

2. 系统参数配置

如图 7-33 所示。

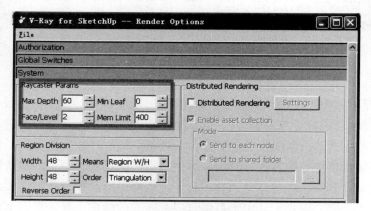

图 7-33　V-Ray 系统参数配置面板

Raycaster Params：光线投射参数的设置，Max Depth 参数越大，会占用较大的内存，渲染速度也越快。因此在闲时可适当提高此参数，提高渲染速度，但也不能设置得过高，否则容易造成系统死机；Mem Limit 参数需要根据渲染机器的 CPU 核心数来配置，如采用双核处理器，可以将此值提高到 800。

3．相机参数配置

如图 7-34 所示。

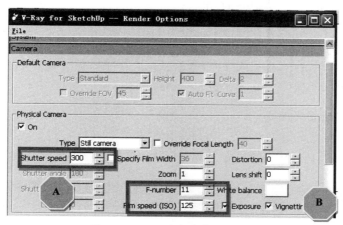

图 7-34　V-Ray 相机参数配置面板

V-Ray 中通常会选用 Physical Camera（物理相机），顾名思义，既然是物理相机，我们就应该按照真实拍照使用的相机的参数习惯来配置。

（1）Shutter speed

快门速度，快门速度越快，曝光量越少，生成的场景亮度越暗；反之亦然。但这里参数设置的时候需要注意，Shutter speed 的值是实际快门速度值的倒数，该值越小，快门速度越慢，场景越亮。

（2）F-number

焦距比数，对应现实相机中的光孔，此值越小，光孔越大，生成的场景亮度越强，反之亦然。

（3）Film speed（ISO）

胶片速度，即我们通常所说的相机的感光度，此值越大，场景越亮，但此值的提高往往又会带来更多的噪点，在白天室内效果图中尤为明显。

上述几个参数栏是在 Sketchup 中使用 V-Ray 常用的配置，其他的几个参数栏通常是有关作品效果细节的设定，往往根据个人喜好、环境等因素自由配置。

7.3.9　通信局房漫游动画的制作

除了希望看到远期局房使用效果外，客户通常更关心的是本次局房的工艺方案、施工阶段难点的规避以及后期维护中细节的考虑。因此，提供一套从工艺、施工、维护等角度制作的动态视频，如通过视频展现机房启用顺序、走线架安装顺序、不同种类的走线路由规划、设备进场通道演示、后期设备维修及替换的搬移、空调气流组织等，使客户获得最直观的第一感受是很有必要的。

Sketchup 自身就提供漫游动画的功能，并且可以输出 Avi 的视频格式，后期可通过其他专业的视频编辑软件对其进行后期加工和处理。Sketchup 中漫游动画制作的原理是通过在关键点插入调整好视觉角度的模型的 Scenes，并通过设定 Scenes 间的漫游速度和停顿时间来确定动画的时间，最终输出动画视频。

1．插入 Scenes

在插入 Scenes 之前，需要构思动画的展现主题和方式，在方案确定后，需要寻找最佳表现方案的主题的观察角度和关键点，并相应调整已经完成建模的模型，通过单击 window→Scene 插入，如图 7-35 所示。

通过 Scenes 界面可以对已经设置好的 Scene 进行管理，如调整顺序、对 Scene 命名等。

2．动画参数的设定

当漫游动画中各 Scene 确定后，需对动画的全局参数进行设置，可通过单击 View→Animation→Settings 开启配置面板，如图 7-36 所示。

图 7-35　Sketchup 场景参数设定

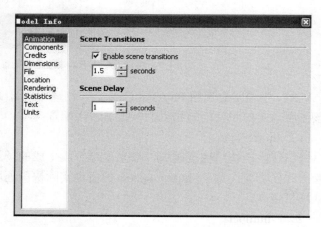
图 7-36　Sketchup 漫游动画参数设定

第一个 seconds 值表示 Scene 到下一个 Scene 的时间，此值越大，动画的速度就越慢。

第二个 seconds 值表示 Scene 的停顿时间，此值越大，Scene 的停留时间越长。如果为 0，则动画会平顺连续，无停顿。

当动画的参数设置完毕后，可通过单击 View→Animation→Play 进行模拟演示，以观察动画的效果。

3．动画输出

待漫游动画效果满意后，可通过单击 File→Export→Animation 将动画输出，输出界面如图 7-37 所示。

通过单击右下角的 Options 选项，对输出的视频文件的长宽比、帧速率等选项进行设置。

通过将静态、碎片化的工艺方案进行动画实现，可大大提高方案的可接受度和满意度。

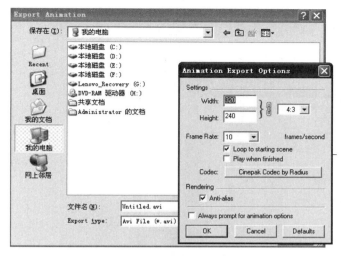

图 7-37　Sketchup 动画输出参数设定

7.3.10　通信局房精细化三维设计内容分析

逼真实现局房、提升可视化效果并不是通信设计的最终目标。我们主要应着眼于精细化三维设计，不仅要体现专业性，还要提升精细度。目前，BIM 是建筑领域中最受关注的概念，它是以建筑工程项目的各项相关信息数据作为模型的基础，进行建筑模型的建立。它具有可视化、协调性、模拟性、优化性和可出图性五大特点。通信局房设计中也包含着大量的数据信息，以往的 2D 设计中往往需要提供大量的图纸及表格才能涵盖全部的信息。但是，如果将立体化设计与 BIM 相结合，形成立体信息化的通信局房的设计，不仅可以满足客户的多方面需求，还便于在设计过程中对信息进行维护及管理。

Sketchup 在最新版本中提供了动态组件的功能，通过研究发现可以初步搭建 BIM 体系。通过对动态组件的附加属性的扩展，使用脚本语言进行调用，可以实现直观的立体信息化设计，增加方案与客户之间的互动性。其效果如图 7-38 至图 7-40 所示。

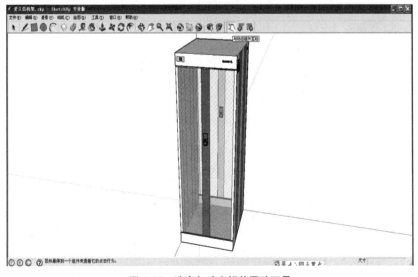

图 7-38　选定与动态组件互动工具

169

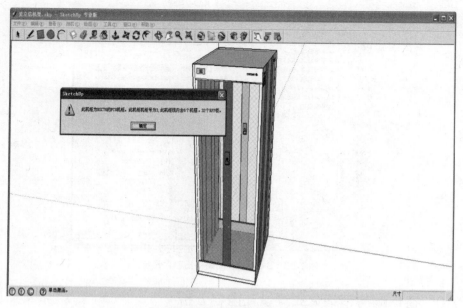

图 7-39　显示脚本语言定义的内容

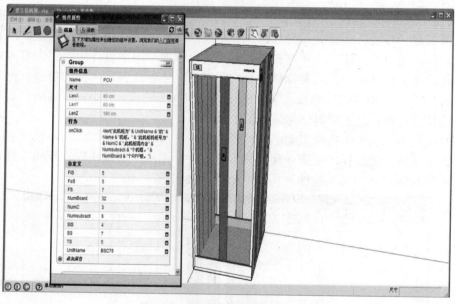

图 7-40　动态组件的属性管理和维护

通过对整个立体局房的信息化，客户可以通过点击不同的动态组件获得相应的信息，如设备信息（设备参数、入网时间、归属网元等）、线缆路由（路由起点、终点，线径等），机房信息（机房利用率、土建信息等）。多元化、可定制的信息集成不仅可以解决平面设计中图纸繁多、查询繁琐等弊端，还具有良好的可操作性和推广性，可以满足日益提高的客户需求。

Sketchup 毕竟是面向大众，致力于使更多人接触 3D 世界，以简单、便捷为主要特点的立体化设计软件，并不具有数据管理的功能，其动态组件设置也比较繁琐，无法大范围推广。但Sketchup 同时又具有开放性接口，强调"自由共享"的理念，在 Google Sketchup 的平台上汇聚了全世界海量的组件及开发插件，通过该平台可以获取所需要的资源，并能触发开发的灵感。

　　为使 Sketchup 具有数据管理功能，首先需要通过其开放接口建立数据库连接，通过数据库管理组件及其属性，并具有定制的数据分析和导出功能。目前已有公司开发出基于 Sketchup 的数据管理系统，我们也根据通信行业的特点开发出了相应的平台，鉴于本书的内容在此不一一介绍了。

7.4　基于 Revit 的通信局房立体化方案

　　上一节介绍了通过使用 Sketchup 来实现通信局房工艺的全套立体化方案，包括机房建模、素材库建立、插件开发、渲染出图、漫游动画制作、动态组件建立。但是，由于 Sketchup 软件自身研发和应用的范围所限，其只可以被称之为"伪 BIM 软件"，特别是在对于 BIM 核心的概念——信息模型的支撑力度上还远远达不到应有的要求。

　　目前，在建筑行业中应用范围较广，设计师认同度较高的一款软件是由 Autodesk 公司研发的 Revit 系列软件，自 2005 年始，Autodesk 公司将 Revit 收购，并推出 Revit 8.0 至今已经历了 9 年的时间。Revit 是 Autodesk 公司一套系列软件的名称，包括 AutodeskRevit Architecture、AutodeskRevit MEP 和 AutodeskRevit Structure 三部分。其中 Revit Architecture 是面向建筑专业的，Revit MEP 是面向暖通、电气和给排水专业的，Revit Structure 是面向结构专业的。Revit 2012 版本之前 Autodesk 是将上述三部分软件分别独立发布的，而自 2013 版起，Autodesk 提供了合成版本，特别的是，2014 版本已不提供支持 Windows XP 系统的版本。

　　由上述的 3 个应用方向与通信局房工艺设计所涉及的专业方向进行比较，可以发现彼此之间有极大的相关性，如通信局房的建筑设计是通信工艺设计的基础，上线井、楼板洞的设置涉及结构专业、走线桥架、照明、消防、空调等工艺规划，与暖通、电气和给排水设计密切相关。因此，通过 Revit 来实现通信局房的立体化工艺方案在理论上是可行的。

7.4.1　Revit 特性简介

1. Revit 建模特点

　　不同于 Sketchup 的"推拉"成型，Revit 建模是通过设置立面的不同参照层及物体自身的高度来搭建立体模型。通过"参照"的方式可以使设计师在平面的设计界面下完成立体模型的建模，可以最大限度地延续设计人员在传统 CAD 平面设计的习惯。Revit 中的 2D 和 3D 界面如图 7-41 所示。

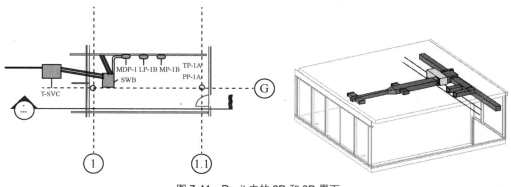

图 7-41　Revit 中的 2D 和 3D 界面

2. 参数化构件

参数化构件（亦称族）是在 Revit 中设计使用的所有建筑构件的基础。它们提供了一个开放的图形式系统，让您能够自由地构思设计、创建外形，并以逐步细化的方式来表达设计意图。您可以使用参数化构件创建复杂的组件（例如走线桥架和设备），以及最基础的建筑构件（例如墙和柱）。最重要的是，您无需任何编程语言或代码。Revit 族参数设置面板如图 7-42 所示。

将构件的外形设计与参数化信息相结合，便是 Revit 中族的概念，通过参数化构件组合，便可以搭建信息化的模型，这是一个超越性的变革。通过信息化，大量的数据依据相关性结合，便于在统一的信息模型中导出所需的数据集合。图 7-43 所示为模型中自动生成设备连接表。

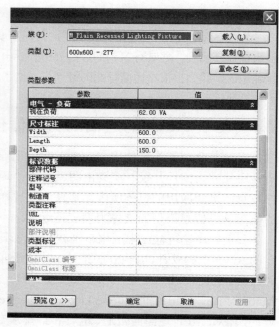

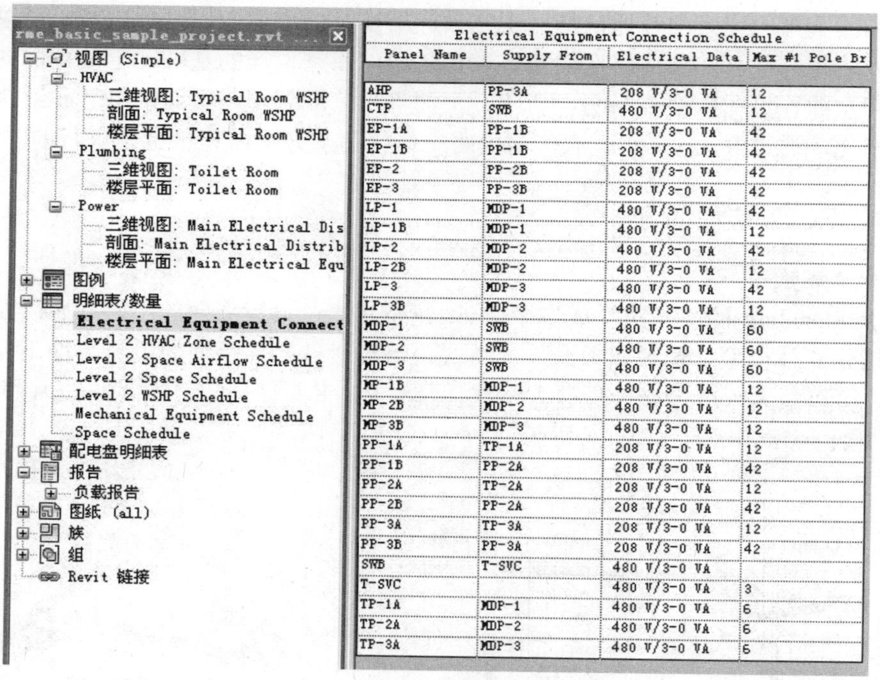

图 7-42　Revit 族参数设置面板

图 7-43　Revit 明细表示例

同理，在通信局房的工艺设计中，通过搭建专用的通信工艺族，设计合理的外形及参数，便可以自动生成传统设计中相对独立的信息表格，如预算工日表、材料表、线缆表、设备配置表等。

因此，合理地设计 Revit 族，形成完整的 Revit 族库在方案变动频繁的通信设计行业中尤为重要。Revit 族库就是把大量的 Revit 族按照特性、参数等属性分类归档而成的数据库。相关行业企业随着项目的开展和深入，都会积累到一套自己独有的族库。在后续的工作中，可直接调用族库数据，并根据实际情况修改参数，便可提高工作效率。Revit 族库可以说是一种无形的知识生产力。族库的质量，是相关行业企业或组织的核心竞争力的一种体现。

3．双向关联性及工作共享

在 Revit 中，所有模型信息都存储在一个位置。因此，任何信息的变更可以有效地传播到整个 Revit 模型中，任何一处变更，所有相关内容都随之自动变更。

Revit 同时提供工作共享特性，可使整个项目团队获得统一的参数化建筑建模环境的强大性能。许多用户都可以共享同一智能建筑信息模型，并将他们的工作保存到一个中央文件中。并且通过设置 Revit Server 能够帮助不同地点的项目团队通过广域网（WAN）更加轻松地协作处理共享的 Revit 模型。此 Revit 特性可帮助您在从当地服务器访问的单个服务器上维护统一的中央 Revit 模型集。内置的冗余性可在 WAN 连接丢失时提供保护。

双向关联和协作共享特性完美地解决了传统设计中因方案频繁变动和各专业间沟通不力等因素造成的效率低下问题。

4．强大的分析功能

Autodesk Revit 提供的增强的分析模型工具可帮助创建和管理分析模型，如在分析模型图元中同时分析参数、面向分析调节的全编辑模式、自动侦测功能，用于保存物理连接件与附件、冲突检查功能，扫描整个模型查找元素间的碰撞等。

而且 Autodesk Revit 对外提供封装 API 供二次开发使用，随着版本的不断升级，Revit API 也得到了快速的发展，最新版本中已可提供用户选择交互 API、文档级别的事件 API 机制、对象的过滤 API、族创建 API、模型动态更新 API 等。通过使用第三方开发或基于 API 自研开发专业性的软件，可以使设计师减少建模、信息搭建等方面的工作量，从而专注在专业设计规划、计算分析中。

7.4.2　Revit 立体化方案分析

相对于 Sketchup 软件，Revit 是真正意义上的 BIM 软件，通过上一小节 Revit 软件特性的介绍可以看出，Revit 自身已提供强大的信息集合、数据分析、协作管理功能。而基于 Revit 搭建通信局房的立体化设计方案，关键在于族的设计，正是因为族的概念的引入，才可以实现参数化设计。在 Revit 中，所有添加到项目中的图元都是使用族创建的。通过使用 Revit 自带的或创建的新族，可以将标准图元和自定义图元添加到项目模型中。

使用 Revit 的一个优点便是不必学习复杂的编程语言，通过使用 Revit 族编辑器，便能够创建符合自身需求的族。在 Revit 中，族主要分为 3 类：系统族、标准构建族、内建族。

（1）系统族

是 Revit 中预定义的族，例如墙、窗、门。对于系统族，可以进行复制和修改的操作，但不能创建新的系统族。

（2）标准构件族

主要存储于构件库中，使用族编辑器可以复制和修改现有构件族，也可以根据各种族样板创建新的构件族。标准构件族可位于项目外,以.rfa 扩展名的文件存储,通过载入功能,可以将其导入所需项目。

（3）内建族

是特定项目中的模型构件,也可以是注释构件。只能在当前项目中创建内建族,无法在其他项目间传递。

在通信局房立体化设计方案中,一般采用新建标准构件族的方式来定制符合自身要求的族,创建标准构件族的常规步骤如下。

① 选择适当的族样板;

② 定义有助于控制对象可见性的子类别;

③ 布局有助于绘制构件几何图形的参照平面;

④ 添加尺寸标注以指定参数化构件几何图形;

⑤ 全部标注尺寸以创建类型或实例参数;

⑥ 调整新模型以验证构件行为是否正确;

⑦ 用子类别和实体可见性设置指定二维和三维几何图形的显性特征;

⑧ 通过指定不同的参数定义族类型的变化。

本书通过建立梯式走线架来示例如何创建标准构件族,主要步骤如下。

① 新建族文件,选择"公制常规模型.rft"为样板(注:创建新的构件族必须基于相应的族样板),如图 7-44 所示。

图 7-44　Revit 选择族样板界面

② 通过单击"创建→拉伸"功能,采用和 Sketchup 类似的方式创建一个长 1800mm、宽 600mm 的梯式走线架。梯式走线架族的 2D 和 3D 示例如图 7-45 所示。

③ 设定族参数,通过单击"创建→族类型",设置族类型名称及各类参数。从通信局方工艺的角度来看,需要设置的参数主要有走线架长度、宽度、采购价格、安装工日等。具体参数设置见图 7-46。

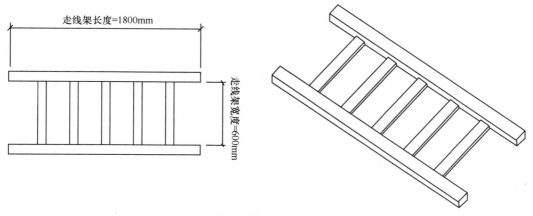

图 7-45　梯式走线架族的 2D 和 3D 示例

图 7-46　梯式走线架族参数设置

特别需要注意的是，参数需设置成共享参数格式，以便在项目中可以汇总在明细表中导出。

④ 项目中调用族，打开一个新的项目，通过点击"管理→载入族"，将自建族导入，并在"项目浏览器→族"中找到载入的自建族，将其拖至项目空间，示例中我们在项目文件中使用了 3 个 1800mm×600mm 的走线桥架，如图 7-47 所示。

⑤ 生成信息明细表，通过单击"视图→明细表→明细表/数量"，调用明细表配置面板，将自建族中定义

图 7-47　新建项目调用族示例

的共享参数添加至明细表字段中，并调整顺序，设置格式和外观，如图 7-48 所示。

最终便可自动将项目模型的相关信息与明细表相关联，示例中配置了两个明细表，分别为走线架采购明细表和走线架安装工日明细表，分别对应工艺设计中配套采购、设计预算的信息收集。最终生成的明细表如图 7-49 所示。

当然，梯式走线桥架的构建还可以进一步优化，例如通过将走线桥架的横挺和竖挺分别建立族，然后再通过内嵌族的方式将其调用完成走线桥架族的构建，这样构建的走线桥架族

可以实现在长度上动态的调用，而不是一个固定的值；进一步细化设置走线桥架族的参数以及材质以供后期数据分析和渲染出图所用。对此感兴趣的读者可以查阅相关专业书籍做进一步研究。

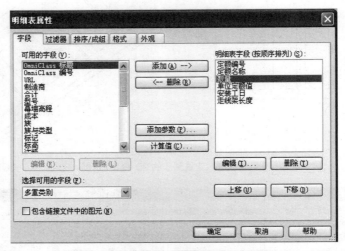

图 7-48　新建项目中设置明细表字段界面

走线架安装工日明细表						走线架采购明细表		
定额编号	定额名称	数量	单位定额值	安装工日	走线架长度	走线架类型	走线架长度	采购价格
TSY1-002	安装电缆走线架	1.8	0.4	0.72	1800	直流电源	1800	270
TSY1-002	安装电缆走线架	1.8	0.4	0.72	1800	直流电源	1800	270
TSY1-002	安装电缆走线架	1.8	0.4	0.72	1800	直流电源	1800	270

图 7-49　新建项目中生成明细表示例

本书通过上述简单的示例来展示基于 Revit 实现通信局房立体化设计的可行性，通过构建 Revit 族，将模型与信息紧密结合，将设计中图纸与数据表格紧密地关联，消除了大量传统设计中无法避免的任务，在提高设计效率的同时，使设计人员更专注于专业规划、数据分析，提升了设计精度，保证了设计质量，增强了客户的感知。

7.5　通信局房立体化设计前景展望

通信局房立体化设计当前定位于为传统平面设计的演进，独特新颖、信息化的表现形式为通信设计行业增添了一抹亮色，本章通过当下应用普遍的基于 BIM 的立体化软件分类介绍，阐述了 BIM 的基本理念和应用场景。然而，主要面向建筑行业的 BIM 软件并不完全符合通信行业的特性，因此提出了基于 Sketchup 和 Revit 的通信局房规划设计的立体化方案。首先，基于开放性较强的 Sketchup 立体化方案具体描述了通信局房立体化应用场景及相关组件、插件的开发，并通过数据管理平台的开发思路引入信息管理概念。其次，基于专业性较强的 Revit 立体化方案具体描述了通过通信专用族的建立，将规划所需数据参数化，最终实现信息和模型相关联的完整方案。

参考文献

[1]《电子信息系统机房设计规范》（GB 50174-2008）

[2]《电信专用房屋工程设计规范》（YD/T 5003）

[3]《数据中心电信基础设施标准》（ANSI/TIA-942-2005）

[4]《通信电源设备安装工程设计规范》（YD/T 5040-2005）

[5]《供配电系统设计规范》（GB 50052）

[6]《通信局（站）防雷与接地工程设计规范》（GB 50689-2011）

[7]《建筑物电子信息系统防雷技术规范》（GB 50343-2012）

[8]《采暖通风与空气调节设计规范》（GB 50019-2003）

[9]《建筑设计防火规范》（GB 50016-2006）

[10]《气体灭火系统设计规范》（GB 50370）

[11]《建筑照明设计规范》（GB 50034-2004）

[12]《火灾自动报警系统设计规范》（GB 50116）

[13]《建筑照明设计规范》（GB 50034-2004）

[14]《智能建筑设计标准》（GB/T 50314）

[15]《电子信息系统机房施工及验收规范》（GB 50462-2008）

[16]《建筑装饰装修工程质量验收规范》（GB 50210-2001）

[17]《通信电源集中监控系统工程设计规范》（YD/T 5027-2005）

[18]《安全防范工程技术规范》（GB 50348）

[19]《视频安防监控系统工程设计规范》（GB 50395-2007）

[20]《通信局（站）节能设计规范》（YD 5184-2009）

[21]《绿色建筑评价标准》（GB/T 50378-2006）

[22] 田盛泰，张宏坤. 通信机房建设工艺专业设计要求及设计方法研究，2005.

[23] 钟景华，朱利伟，等. 新一代绿色数据中心的规划与设计. 北京：电子工业出版社，2010.

[24] 雷卫清，等. 下一代绿色数据中心. 北京：人民邮电出版社，2013.

[25] 黄翔，范坤，宋姣姣. 蒸发冷却技术在数据中心的应用探讨，2013.

[26]（美）ASHRAETC9.9，著. 杨国荣，译. 数据通信设备中心设计研究，2010.